U0318935

镀锌焊接钢结构制造

赵兴科　编著

北　京

冶金工业出版社

2022

内 容 提 要

镀锌钢是表面覆以锌金属涂层的钢铁材料,兼具钢铁材料高强度、低成本和锌涂层的抗腐蚀、外表美观的特点。本书从锌涂层类型、制备工艺、镀锌钢的焊接工艺、焊接构件的镀锌工艺等方面系统地介绍了镀锌钢焊接构件的制造工艺。全书共分7章,主要内容包括钢铁与钢铁结构、结构钢腐蚀现象与腐蚀机理、结构钢的腐蚀防护原理与方法、锌金属涂层防护技术、镀锌工艺与镀锌结构钢、结构钢的焊接性与焊接工艺、镀锌钢焊接结构制造。

本书可供工业制造相关领域从事设计、施工等工程技术人员阅读,也可供高等院校材料、冶金、机械、装备制造、建筑等专业师生参考。

图书在版编目(CIP)数据

镀锌焊接钢结构制造/赵兴科编著.—北京:冶金工业出版社,2021.2
(2022.8 重印)

ISBN 978-7-5024-8720-1

Ⅰ.①镀… Ⅱ.①赵… Ⅲ.①镀锌—钢结构—焊接结构
Ⅳ.①TG457.11

中国版本图书馆 CIP 数据核字(2021)第 019191 号

镀锌焊接钢结构制造

出版发行	冶金工业出版社	电　　话	(010)64027926
地　　址	北京市东城区嵩祝院北巷 39 号	邮　　编	100009
网　　址	www.mip1953.com	电子信箱	service@ mip1953.com

责任编辑　杨　敏　美术编辑　彭子赫　版式设计　禹　蕊
责任校对　李　娜　责任印制　李玉山

北京富资园科技发展有限公司印刷

2021 年 2 月第 1 版,2022 年 8 月第 2 次印刷

710mm×1000mm　1/16;7.5 印张;142 千字;108 页

定价 49.00 元

投稿电话　(010)64027932　投稿信箱　tougao@cnmip.com.cn
营销中心电话　(010)64044283
冶金工业出版社天猫旗舰店　yjgycbs.tmall.com
(本书如有印装质量问题,本社营销中心负责退换)

前　言

钢铁具有高强度、高韧性和延展性等特点，容易加工成型、焊接和涂装，成为目前应用最多、最广的结构材料，应用领域遍及基础设施、交通运输、工业装备等各个领域。钢铁材料的耐腐蚀性较差，裸露的钢铁表面在自然环境下腐蚀速度很快，因腐蚀和腐蚀破坏修复造成的经济损失很大。

锌金属涂层对所有钢铁材料都具有优良的保护效果，原因在于锌金属涂层可以为钢铁材料提供多重防腐蚀保护作用。一是锌金属的耐腐蚀性比钢铁材料高 1~2 个数量级，锌涂层可以避免环境中的腐蚀性介质与钢铁材料接触，为钢铁材料提供一个耐腐蚀的保护膜；二是锌的电极电位低于钢铁，当锌与钢铁组成原电池时，锌为阳极而钢铁为阴极，锌涂层通过优先腐蚀使钢铁处于阴极而免遭腐蚀，提供阴极保护。因此，即使锌涂层受腐蚀或者受机械损伤导致涂层缺失，使钢铁局部裸露，周围的锌也可为这些区域继续提供阴极保护。

锌金属涂层典型制备工艺为热浸镀锌。通过连续热浸工艺可以生产不同强度级别、不同涂层成分和涂层厚度规格的镀锌钢板。镀锌钢焊接时会遇到的诸如烟雾、飞溅、焊缝气孔和焊缝成型不良等问题，原因是锌的沸点低，在焊接加热过程中会发生强烈的汽化而产生大量锌蒸气，而锌蒸气易于氧化形成复杂成分的金属烟雾，对焊接工艺性、焊接接头性能和焊接人员都产生有害作用。

镀锌钢焊接结构产品的生产常见两种工艺流程：一是先焊接后镀锌，即确保产品镀锌之前的所有制造工序完成以后再进行镀锌处理；二是先镀锌后焊接，即采用镀锌钢材，或者镀锌组件通过焊接生产出最终产品。考虑到焊接加工对锌金属涂层的损伤，通常需要对焊接接头部位进行耐腐蚀修复处理。第一种工艺流程通常用于小型焊接构件，如日常用品的各种箱、柜、桌、椅、汽车车身等；第二种工艺主要用于大型焊接构件，或者必须现场焊接的结构，如建筑、桥梁等。

本书以镀锌焊接钢结构为对象，分析和探讨了结构钢的腐蚀行为、防腐机理与防腐涂层技术、裸钢与镀锌钢的焊接技术，并以镀锌汽车白车身和镀锌焊接 H 型通用梁等为例介绍了镀锌焊接钢结构的制造工艺。

河北钢铁集团潘进、马成，南通航运职业技术学院徐明亮等为本书的编写提供了很好的建议，在此表示衷心感谢！在撰写过程中，参考了有关文献，在此向文献作者表示诚挚的谢意！

限于作者的能力和时间，书中不当之处，敬请读者批评指正。

赵兴科

2020 年 6 月于北京

目　　录

1　钢铁与钢铁结构

«««

1.1　钢铁生产简史

1.1.1　早期钢铁生产

铁在自然界以矿石形态存在。钢铁的发展可以追溯到 4000 年前的铁器时代。大约在公元前 2000 年人类就通过熔炼技术制造出了铁。铁比以前使用最广泛的青铜更坚硬，并开始取代青铜在武器和工具中的应用。大约在公元前 1400 年，人类使用木炭加热的冶炼炉生产出复杂的铁器产品。由于木炭加热无法达到足够的温度，冶炼得到的铁器仅可用于制造粗陋的工具和武器。在随后漫长岁月里，人类生产的铁的质量取决于可利用的矿石以及生产方法。

铁在高温下能够吸收碳而降低熔点，从而产生铸铁（又称生铁，碳含量为 2.5%~4.5%）。这种含有较高碳含量的生铁在高炉中熔化成为熔融的铁水，并在主通道和相邻铸模中冷却形成铸铁锭或铸铁件。炼铁高炉是在公元前 6 世纪中国人首先使用的，但在中世纪期间欧洲人使用更广泛。高炉的发展增加了铸铁的产量。

17 世纪时，生铁的特性已广为人知，生铁强度高，但由于碳含量高而易脆，因此加工和成型不理想。人们认识到生铁中的高碳含量是脆性问题的核心，并不断尝试降低碳含量以使铁更易加工的新方法。到 18 世纪后期，炼铁商学会了如何使用水坑炉将生铁铸成低碳锻铁（亨利·科特在 1784 年开发）。熔炉加热了铁水，必须使用较长的桨状工具搅拌，使氧气与碳结合并缓慢除去。

欧洲的日益城市化要求生产更多用途的结构金属。到 19 世纪，欧美铁路的发展给钢铁行业带来了巨大的压力，但那时钢铁行业仍然在低效的生产过程中苦苦挣扎。钢材仍未被证明是优秀的结构金属，然而铁路扩张所消耗的大量铁为冶金学家提供了经济上的动力，以寻求解决铁的脆性和生产效率低下的方法。

钢铁史上的最大突破是在 1856 年，当时亨利·贝塞默尔（Henry Bessemer）开发了一种有效的方法使用氧气以减少铁中的碳含量，制造出了性能更纯的铸铁，这标志着现代钢铁工业的诞生，现在被称为贝塞麦工艺（Bessemer Process）。贝塞麦设计了一种梨形的容器，在其中可以加热铁，同时可以将氧气吹过熔融金属；当氧气通过熔融金属时，它将与碳反应，释放出二氧化碳并产生更纯的铁。该过程既快速又廉价，可以在几分钟内从铁中除去碳和硅，但效果太差——除去了太多的碳，最终产品中残留了太多的氧气。大约在同一时间，英国冶金学家罗伯特·穆什（Robert Mushet）发现锰可以从铁水中除去氧气，如果添加适量的锰，则可以为贝塞默尔的问题提供解决方案。但问题仍然存在，例如，未能找到一种从最终产品中去除磷的方法。磷是有害杂质，磷含量较高同样会使钢铁变脆。因此，铁中磷含量控制只能依靠采用瑞典和威尔士的无磷矿石。1876 年，威尔士人西德尼·吉尔克里斯特·托马斯（Sidney Gilchrist Thomas）发明了在铁液中加入助熔剂石灰石的方法，可以通过将磷转到炉渣中降低铁中磷的含量。该成果使得世界上任何地方的铁矿石都可以用来制造低杂质元素含量的钢铁，这无疑会大大降低钢铁的生产成本，在 1867~1884 年间，使钢轨价格下降了 80% 以上，从而推动了世界钢铁工业的发展。

钢铁生产革命为人类提供了更便宜、更高质量的金属结构材料，被当时的许多商人视为投资机会。19 世纪后期的资本家，包括安德鲁·卡内基（Andrew Carnegie），在钢铁行业投资并赚了数十亿美元。卡内基的美国钢铁公司成立于1901 年，是有史以来第一家市值超过 10 亿美元的公司。

1.1.2　现代钢铁生产

自 19 世纪后期开始工业生产以来，钢的制造方法已经有了长足发展。但是，采用的方法仍然基于原始贝塞麦工艺，即使用氧气来降低铁中的碳含量。19 世纪与 20 世纪之交，保罗·希罗尔（Paul Heroult）发明了电弧炉，使电流流经两电极并在其间形成电弧，电弧释放大量热量，使钢铁原材料达到高温。电弧炉最初用于特种钢铁合金，后来逐渐扩展到用于制造普通钢。目前电弧炼钢产量约占全球钢产量的 33%。

现代钢铁生产的另一项技术进步是连续铸造技术。将熔融的金属不断浇入特殊结构的金属型模中，凝固钢铁铸件连续不断地从金属型模的另一端拉出，获得任意长度的钢铁铸件。通过一组不同形状的轧辊将钢铁铸件加工成不同规格的钢制结构构件，最常见的形状是板、角钢、I 型梁和 U 形槽。此后，通过二次成型技术，把钢铁型材进一步加工成各种钢铁结构产品，以满足不同的使用用途。这些二次成型技术主要包括：

（1）冷轧成型，改善一次成型钢材的组织，提高力学性能。

（2）机加工，去除多余材料，改变钢铁的形状，获得钢铁零部件。

（3）焊接，将钢铁零部件连接在一起，形成复杂、大型钢铁结构。

（4）涂层防护，提高钢铁材料表面的抗腐蚀性能，延长钢铁结构的使用寿命。

在过去的几十年中，钢铁行业发生了重大变化。1980 年，全球钢铁产量为7.16 亿吨，其中以下国家处于领先地位：苏联（占全球钢铁产量的 21%）、日本

（占 16%）、美国（占 14%）、德国（占 6%）、中国（占 5%）、意大利（占 4%）、法国和波兰（占 3%），加拿大和巴西（占 2%）。根据世界钢铁协会（WSA）的数据，2014 年世界钢铁产量为 16.65 亿吨，比 2013 年增长了 1%。领先国家的名单发生了重大变化。中国位居第一，并遥遥领先于其他国家和地区（占全球钢铁产量的 60%），排名前 10 位的其他国家和地区所占份额为 2%~8%：日本为 8%，美国和印度为 6%，南美、韩国和俄罗斯为 5%，德国为 3%，土耳其、巴西和我国台湾地区为 2%。

1.2 碳素钢与合金钢

尽管碳通常不被认为是一种钢铁的合金元素，然而它是钢铁中添加的最常见、也是最重要的化学元素。碳含量是钢铁材料化学成分的重要特征。实际上，"钢"被定义为碳含量低于生铁、高于锻铁的金属材料。按照钢铁的化学成分，钢铁分为两大类：碳素钢和合金钢。碳素钢在所有钢材中约占 85%。

1.2.1 碳素钢

碳素钢也被称为普通钢，碳是主要添加元素，其他元素的含量低于 0.5%（质量分数）。增加钢中的碳含量将增加钢的强度，但钢的塑性会降低，钢的加工性变差。工程上，按照含碳量的不同，碳素钢一般分为三类：低碳钢、中碳钢和高碳钢。三种碳素钢的碳含量、微观结构和性能见表 1-1。

表 1-1 碳素钢的成分、组织和性能

	碳含量（质量分数）/%	微观组织	性 能
低碳钢	0.05~0.25	铁素体、珠光体	强度低、硬度低、韧性高、加工性好
中碳钢	0.25~0.60	马氏体	中等强度、中等韧性
高碳钢	0.60~1.25	珠光体	硬度高、韧性低

（1）低碳钢。低碳钢的碳含量为 0.05%~0.25%，最大锰含量为 0.4%。这是一种价格低廉、应用最广的钢铁材料。低碳钢的强度和硬度不高、有良好的延展性，具有良好的二次加工性，适合机械加工、塑性成型和焊接。通过冷加工硬化变形处理可以在一定程度上提高低碳钢屈服强度，通过表面渗碳热处理还可以提高其表面的硬度。一些含有较多铜、镍、钒和钼的低合金钢有时也被归类为低碳钢，这类低合金钢通过热处理可以实现更高的强度，并保留良好的延展性和加工性。低碳钢通常用于汽车车身部件、型材等。

（2）中碳钢。中碳钢的碳含量为 0.24%~0.54%，锰含量为 0.6%~1.65%。

这是一种强度较高的钢，具有良好的耐磨性，但难以塑性成型，焊接性也较差。中碳钢的机械性能可以通过热处理（包括奥氏体化，淬火和回火）得以改善。为了提高中碳钢的淬透性，有时在中碳钢中加入少量铬、钼和镍等合金元素。淬火热处理状态的中碳钢强度高，但是延展性和韧性下降。中碳钢主要用于制造需要硬度和耐磨性的零部件，如铁轨、车轮、曲轴、齿轮等。

（3）高碳钢。高碳钢的碳含量为 0.55% ~ 0.95%，锰含量为 0.30% ~ 0.90%。高碳钢的硬度高，但韧性和延展性很差。高碳钢几乎总是经过淬火和回火处理，以获得高的硬度和耐磨性。有时还加入铬、钒、钼和钨等高熔点合金元素以进一步提高硬度和耐磨性。高碳钢主要用于制造各类弹簧、工具和模具。

1.2.2　合金钢

合金钢是一种除铁和碳之外还存在较多其他合金元素的钢。合金钢通常分为两类：低合金和高合金。合金元素含量少于 8% 为低合金钢，合金元素超过 8% 为高合金钢。合金元素的作用主要是提高钢的强度、硬度和耐腐蚀性等。

锰（Mn）是除铁和碳外，结构钢中最常见的合金元素，含量为 0.50% ~ 1.70%。锰可以控制钢中的杂质元素硫、磷、氧的含量，增加钢铁的延展性，改善钢的机械加工性，并抵抗钢材在轧制过程或淬火过程中的开裂。

铝（Al）是炼钢过程中重要的脱氧元素之一，并且还有助于形成更细粒度的微观组织。铝通常与硅联合使用以获得半镇静或完全镇静的钢。

铬（Cr）主要用于提高钢的耐腐蚀性，当铬含量超过 11% 时可以获得不锈钢；铬还影响钢材的强度、硬度和淬火性能。

铌（Nb）是钢的强化元素，作用类似于锰和钒，同时也能提高钢的耐蚀性。

铜（Cu）可以提高钢的耐腐蚀性。

钼（Mo）具有类似于锰和钒的作用，并且经常联合使用，可以提高钢的高温强度和高温抗氧化性。钢中钼含量一般为 0.08% ~ 0.25%。

镍（Ni）可以提高钢的耐蚀性，通常和铬一起添加。可通过改善断裂韧性增强钢的低温性能。钢中镍的含量一般为 0.30% ~ 1.50%。

硅（Si）与铝一样，是结构钢的主要脱氧剂之一。它常用于生产半镇静钢和全镇静钢，一般含量少于 0.40%。硅对钢的热浸镀锌冶金反应和镀锌层的质量有重要影响。

钒（V）的作用与锰、钼和铌相似，可以提高钢的高温强度和高温抗氧化性；还有助于细化钢的微观组织，并提高钢的断裂韧性。钢中钒的含量通常为 0.02% ~ 0.15%。

磷（P）、硫（S）、氮（N）、氢（H）和氧（O）等非金属元素通常被视为钢中杂质元素。尤其是硫和磷，可显著降低钢的韧性，降低可焊性。结构钢所有钢种一般都严格限制了允许的硫和磷的含量，一般应控制在 0.04% ~ 0.05% 以下。

1.3 结构钢

1.3.1 结构钢的化学成分

结构钢是用于制造建筑结构以及机器和机械部件的钢材的总称。结构钢通常需要焊接加工，因此必须具有良好的焊接性。为此，结构钢的碳含量通常不得超过 0.25%。

结构钢根据用途可以分为汽车用钢、船用钢、桥梁用钢、建筑用钢、压力容器用钢等。根据化学成分，结构钢可以分为碳素结构钢和合金结构钢。

1.3.2 结构钢的力学性能

与石材、木材和其他金属材料相比，结构钢具有高的强度重量比。无论整体结构有多大，采用结构钢制造都可以使结构变小、变轻。各种结构钢的典型应力-应变曲线如图 1-1 所示。所有钢种的弹性模量都相同，约等于 2000GPa。随着钢上载荷的增加，将在某个点发生屈服，此后将达到塑性范围。结构钢的屈服点通常发生在 0.002 应变附近。结构钢的剪切应力约为结构钢屈服应力的 0.57 倍。通常可以取为 75.84GPa。不同年代生产的钢的性能见表 1-2。

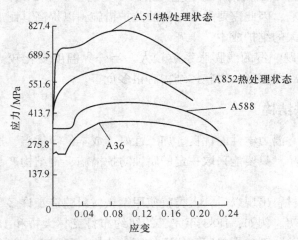

图 1-1 不同类别结构钢的典型应力-应变曲线

表 1-2 历史上的 ASTM 结构钢

钢号	时间	屈服强度/MPa	断裂强度/MPa
A7（桥梁钢） A9（建筑钢）	1914	1/2Fu	380~450
	1924	1/2Fu≥210	380~450
	1934	1/2Fu≥230	410~500
A373	1954	220	400~520
A242	1955	350	480
A36	1960	250	410~550
A440	1959	350	480
A441	1960	350	480
A572	1966	345	450
A588	1968	345	485
A992	1998	345~450	450

结构钢的其他物理性能：密度为 $7.85\sim8.1\mathrm{g/cm^3}$；普通碳素钢的熔点约为 1400~1500℃；纯铁的奥氏体转变温度为 900℃，结构钢的奥氏体转变温度与碳含量有关，钢的奥氏体温度随钢中碳含量增加而下降。

结构钢的一些不足表现为以下几个方面：

（1）腐蚀问题。结构钢中的合金元素添加量通常少于 2%，不足以对其腐蚀行为产生较大影响，因此需要采取专门的防护措施，以提高其耐腐蚀性和使用寿命，由此带来较大的维护成本。

（2）变形问题。钢的线膨胀系数较大，当外界温度变化较大时，钢铁材料产生较大的热胀冷缩变形，对整体结构有很多危害。

1.4 典型钢铁结构

结构钢具有常温力学性能优良、加工性好、成本低等优点，适合制造常温下的各种钢结构产品。只要能采取一定的腐蚀防护措施，钢结构产品就可以长期安全使用。

自现代钢铁材料出现以后，人类就使用钢铁材料建造了许多大型建筑，有的至今仍然完好如初。例如，1883 年完工的纽约布鲁克林大桥和 1889 年完工的巴黎埃菲尔铁塔，已分别成为美国和法国的历史地标，如图 1-2 所示。

根据 2019 年世界钢铁协会（WSA）的数据，世界钢铁应用可分为七个主要

图 1-2　历史地标钢铁建筑
（a）布鲁克林大桥；（b）埃菲尔铁塔

市场领域，各个市场领域钢铁材料所占份额分别为：建筑物和基础设施 51%、机械设备 15%、汽车行业 12%、金属制品 11%、其他运输 5%、家用电器 3% 和电气设备 3%。

1.4.1　建筑

采用钢铁建造建筑是建筑领域最重要的技术革命。与石材、砖块或木材相比，钢铁可允许建造强度更高、高度更高的建筑结构。钢铁建筑不仅材料消耗更少，并且可以在开口以及内部或外部空间上产生更大的无支撑跨度。钢铁材料成为了当今最常用的建筑材料。

铸铁是最早可用来替代传统建筑材料的金属，早在 1779 年就被用于桥梁建筑中。1800 年以前的建筑中，铸铁主要起辅助作用。19 世纪后期，铸铁建材被坚固、弹性和可加工性更高的钢所取代。20 世纪 3 项技术的发展对世界建筑产生了根本影响。一是钢筋混凝土壳结构，可以安装巨大拱顶和穹顶，从而可以减小其厚度；二是预制钢筋混凝土结构，减少了安装时间和成本，提高了防水性和坚固性；三是预应力混凝土提供了承重构件，在承重构件中将钢筋置于张力下，以产生抵抗特定载荷的能力，将建筑物的重量减少至少 1/3。目前钢铁产量的一半以上用于建造各类建筑物和桥梁等基础设施。据 2019 年世界钢铁协会数据，建筑钢材主要用于钢筋混凝土框架（44%），屋顶、内墙和天花板等结构件（31%）和楼梯、栏杆及搁板等其他钢制结构（25%）。

　　1885 年完工的芝加哥房屋保险大楼是一栋 10 层楼，公认是世界第一个钢筋混凝土钢骨架框架结构的建筑，也被视为摩天大楼之父（图 1-3）。建于 1890 年芝加哥的兰德·麦克纳利大厦是第一座全钢框架摩天大楼，该建筑是芝加哥及随后纽约更多摩天大楼的先驱。20 世纪初钢结构建筑在美国主要城市中变得司空见惯，其他国家开始效仿。

图 1-3　1885 年竣工的房屋保险大楼

1.4.2　机械设备

　　建造各类机械设备是结构钢的第二大用途，这些机械设备不仅包括各种车辆等运输设备（图 1-4），还包括用于将钢铁成型为各种形状和厚度的轧机等制造设备。根据世界钢铁协会的资料，一辆家用汽车大约消耗900kg的钢铁，其中2/3以上为结构钢，主要用于制造车身结构、传动结构和悬架等。

图1-4 钢铁制造的各类重型机械

1.4.3 日常用品

日常用品领域包括各种消费产品，例如家具、食品和饮料包装，以及炉灶、冰箱、冰柜、洗衣机等。这些日常用品都含有结构钢。根据美国钢铁协会的数据，滚筒式洗衣机通常包含约40kg的钢材，冰箱和冰柜包含约38kg的钢铁。

2 结构钢腐蚀现象与腐蚀机理

<<<<<<<<<<<<<<<<<<<<<<<<<<<<<<<<<<<<<<<<<<<<<<<<<<<<<<<<<<<<<<<<<<<<<<<<<<<

腐蚀被称为材料与其环境之间的化学或电化学反应，进而导致材料性能下降。结构钢在大气暴露条件下的表面生锈就是典型的腐蚀现象。结构钢的腐蚀速率与钢的化学成分、受力状态以及环境因素有关。

2.1 结构钢的腐蚀

2.1.1 金属腐蚀的本质

腐蚀一词由腐和蚀两个字组合而来，腐的含义是朽烂、变质；蚀的含义是损伤、缺损，因此，腐蚀可以理解成物质表面朽烂变质而缺损。国际标准化 ISO 8044 对金属腐蚀（corrosion）定义为"金属与环境之间的物理化学相互作用，通常具有电化学性质，会导致金属特性发生变化，并可能经常导致金属功能受损"。

结构钢的腐蚀可以简单地理解为钢铁金属变质成为铁锈的过程。铁锈的主要成分是氧化铁。结构钢腐蚀得到的氧化铁结构松散、易于从结构钢表面剥落，不具有结构钢的机械性能，因此，结构钢一旦腐蚀，会严重降低其承载能力，降低钢铁结构的安全性和缩短使用寿命。

结构钢的腐蚀离不开周围环境。例如陆地室外钢结构环境是大气，属大气介质腐蚀（简称大气腐蚀）；而海洋作业平台的环境是海水，属海水介质腐蚀（舰船海水腐蚀）；钢筋混凝土中钢筋的环境是混凝土，属混凝土腐蚀。同一种结构钢材料在大气或海水环境下的腐蚀行为和腐蚀速度是不同的。

钢铁材料之所以会发生腐蚀，是因为钢铁是人类生产出来的物质，不是天然存在的物质，存在老化和退化问题。生产钢铁的原料是天然矿石，将钢铁从其天然矿石状态提炼出来，打破了铁元素的热力学稳定状态，因此存在向其天然状态转变的倾向。钢铁的腐蚀产物在物质属性上与其天然存在状态相同或相似。钢铁是用天然铁矿石（氧化铁）通过冶炼加工制造出来的人工材料。在将铁矿石转化为钢铁的生产步骤中输入了大量的能量，因而，在天然环境下，钢铁材料相比天然铁矿石处于高能量状态，是一个非稳定的热力学状态。当外界提供必要的条件时，钢铁材料会自发地向低能态铁锈（氧化铁）转变。因此，从热力学角度来看，结构钢表面生锈是自发过程，就像水流到最低水位一样，如果时间足够长，所有的钢铁材料最终都转变成铁锈，回归到其氧化铁状态，如图 2-1 所示。

图 2-1 钢铁结构水坝腐蚀成为氧化铁

相反地，铁锈也可以通过还原反应转变成铁金属，即钢铁材料。这个过程就是人类的炼铁和炼钢过程。天然铁矿石经过冶炼加工转变成钢铁材料，制造成各种钢铁结构；钢铁结构通过天然腐蚀转变成铁锈，回归自然，这样铁元素就完成了一个氧化—还原循环。如图 2-2 所示。铁元素的氧化—还原循环的化学式表达为：$Fe^+ + e^- \rightarrow Fe \rightarrow Fe^+ + e^-$。

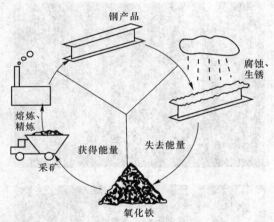

图 2-2 铁的自然循环

2.1.2 结构钢腐蚀类型

结构钢的腐蚀从不同角度可以有不同的分类。常用的分类有腐蚀环境和腐蚀形态。

2.1.2.1 按腐蚀环境分类

按照腐蚀环境的不同，结构钢的腐蚀一般分为干腐蚀和湿腐蚀两大类。

（1）干腐蚀（化学腐蚀）。结构钢暴露于氧化性气体或非导电液体中时，铁元素直接与介质发生化学反应，生成氧化铁，这种腐蚀类型为干腐蚀。高温会增加化学反应速度，加剧腐蚀。结构钢含合金元素较少，表面氧化物以氧化铁为主。在干腐蚀条件下，结构钢的表面氧化铁层的性质随温度和氧扩散速度条件而发生改变。温度低于 566℃时，结构钢表面形成较薄的氧化层，化学组成为氧化亚铁，组织比较致密，氧化速度较慢；温度高于 566℃时，结构钢表面形成较厚的氧化皮，由里及外氧化皮的组成为氧化亚铁、四氧化三铁和三氧化二铁，组织疏松，氧化速度快。

（2）湿腐蚀（电化学腐蚀）。湿腐蚀是在湿/水环境中发生的金属腐蚀，该过程几乎总是电化学反应。湿腐蚀的电化学过程可以在整个金属表面上均匀或不均匀地发生。由于空气中常常含有水分，结构钢的腐蚀通常都属于湿腐蚀类型。

2.1.2.2　按腐蚀形态分类

根据结构钢表面腐蚀形貌，主要分为点腐蚀和均匀腐蚀两种类型，如图 2-3 所示。两种类型的腐蚀在腐蚀过程中的任何时候都会顺序发生或同时发生。

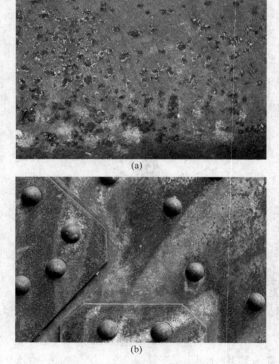

(a)

(b)

图 2-3　结构钢的腐蚀形貌

（a）点腐蚀；（b）均匀腐蚀

（1）均匀腐蚀。腐蚀均匀发生在结构钢构件裸露表面上，各处的腐蚀深度相近。均匀腐蚀使得金属变薄，最终失效。钢铁构件因均匀腐蚀造成的使用寿命可以用均匀腐蚀速率准确估算。均匀腐蚀可以通过适当选择材料或保护方法或在设计计算中考虑牺牲厚度来防止或减少。

（2）点腐蚀。点腐蚀是腐蚀发生在结构钢构件裸露表面的局部位置，在钢铁构件表面形成一个凹坑或小空腔，坑的周围几乎没有腐蚀。点腐蚀难于检测发现，并且向深度发展，对钢结构的承载能力有更大的危害。

2.2 结构钢腐蚀的机理

2.2.1 金属腐蚀的一般理论

金属腐蚀有不同类型，产生的原因各不相同。为了解释各种腐蚀现象，产生了多种不同的腐蚀假说或腐蚀理论。目前被普遍接受的腐蚀理论主要有化学反应理论、电化学理论和高温氧化理论。

（1）化学反应理论。钢铁的腐蚀是铁元素与环境中的氧化性化学介质直接发生氧化反应的结果，又称为直接腐蚀。氧化性腐蚀介质包括大气中的氧、二氧化碳和水分。这些氧化性物质首先在钢铁材料表面吸附，形成腐蚀性液膜；腐蚀性液膜与钢铁表面的铁发生化学反应，生成可溶性碳酸氢亚铁 $Fe(HCO_3)_2$；碳酸氢亚铁进一步氧化为碱性碳酸铁 $Fe(OH)CO_3$；该碱性碳酸铁转化为水合氧化铁，并释放出二氧化碳。化学作用理论得到以下两个观察结果的支持：一是化学成分分析表明，铁锈中存在少量碳酸氢亚铁、碳酸铁和水合氧化铁；二是如果通过将钢铁浸入氢氧化钠或石灰水的溶液中排除二氧化碳，则生锈的速率会大大降低。

（2）电化学腐蚀理论。钢铁的腐蚀是由于电解质中不同电极电位导致电解反应的结果。要发生电化学腐蚀，应同时满足4个条件，即电解质、电位差、电接触以及电路闭合。电化学腐蚀理论是公认的腐蚀理论，对腐蚀防护有重要指导作用。下一节将对电化学腐蚀理论进行详细介绍。

（3）高温氧化理论。钢铁在高温下生锈会形成氧化膜和氧化皮，属于高温干腐蚀类型。当某种液态金属流过其他金属时，则会发生另一种形式的高温腐蚀，即溶蚀，其与金属向液体金属中溶解过程有关。

钢铁结构通常是在自然状态下工作，由于大气中通常含有一定数量的水分和污染物。大气中的这些水分和污染物易于在钢结构表面吸附，形成电化学腐蚀环境。因此，电化学腐蚀是钢结构的主要腐蚀机制，本书主要讨论结构钢的电化学腐蚀机制。

2.2.2　结构钢的电化学腐蚀

2.2.2.1　原电池

原电池是将化学能转变为电能的装置，如图 2-4 所示。两种不同化学成分的金属同时与某一电解液接触时，由于两种金属在电解液中的电化学电位不同，当用导线将这两个金属连接时，导线中将有电流通过。其中电流流出（电子流入）一端金属为原电池的阴极，电流流进（电子流出）一端的金属为原电池的阳极。组成原电池的一对金属称为原电池电偶。

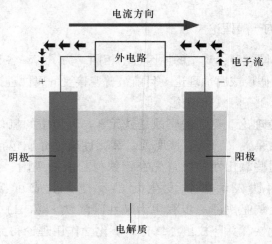

图 2-4　原电池示意图

原电池的阳极和阴极发生不同类型的电化学反应。阳极处发生金属失去电子变成金属离子的氧化反应，阴极处发生金属离子得到电子变成金属原子的还原反应。因此，原电池中的电极反应的结果是阳极金属由金属态转变成离子态（氧化物）而发生腐蚀现象；阴极金属没有发生氧化反应而不会腐蚀。阴极金属处通常不是发生氧的直接还原反应（这个反应通常难以进行），而是涉及电解质溶液中的其他离子，比如氢，氢离子在阴极上发生还原反应析出氢气，或者得到带负电荷的氢氧离子。原电池的阳极反应和阴极反应化学式如下：

阳极反应：　　　　　　　　　　　$M \longrightarrow M^+$

阴极反应：　　　　$2H^+ + 2e^- \longrightarrow H_2$　或　$O_2 + 2H_2O + 4e^- \longrightarrow 4OH^-$

阳极金属腐蚀速率由原电池回路中的电流密度决定。电流密度越大则电化学腐蚀速率越大，反之则相反。阳极金属的电流密度与组成原电池电偶的金属种类、电解质溶液的性质、阳极相对于阴极的大小等因素有关。电偶金属在电解质溶液中的电极电位差越大，阳极相对阴极的面积越小则腐蚀速率越快；切断原电池的电流回路,则腐蚀现象不会发生。

2.2.2.2 结构钢自身的电化学腐蚀

在原电池中,发生腐蚀需要 4 个要素:(1)阳极:释放负离子并形成正离子或发生其他氧化反应的电极。腐蚀发生在阳极。(2)阴极:释放正离子并形成负离子或发生其他还原反应的电极。保护阴极不受腐蚀。(3)电解质:电流流动伴随物质运动的导电介质。电解质包括酸,碱和盐的水溶液。(4)返回电流路径:将阳极连接到阴极的金属路径。它通常是底层的基材。缺少上述 4 个要素中的任何一个都会停止电流流动,而不会发生腐蚀。因此,结构钢只有在浸入电解液中或被电解液浸湿并与具有更高正电势的另一种金属或合金产生电连接后才会发生腐蚀过程。

实际上,结构钢表面通常不是严格的均匀材料。钢是一种多晶材料。在这种条件下,晶粒表现出电极电位差。而环境中的水分和氧气提供了必要的电解质,这样就建立从一个晶粒(高电位阴极)流向另一个晶粒(低电位阳极)的电流。导致电化学电池阳极处的晶粒腐蚀。其中充当阳极的晶粒发生氧化反应被腐蚀,而充当阴极的晶粒发生还原反应而不发生腐蚀(图 2-5)。

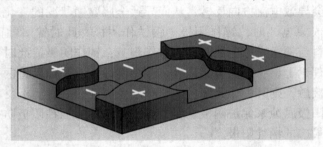

图 2-5 在金属表面上形成的局部电极对

除了晶粒取向因素之外,化学成分偏析、存在的第二相、加工过程引入的表面缺陷、应力等都会导致结构钢表面出现微区的电化学电位差,从而形成微区的化学原电池反应。有些场合下钢材表面只形成一个这种电化学腐蚀单元,更多时候则在钢材表面上同时存在几个不同的电化学腐蚀单元。与阳极区域对应的钢铁材料被腐蚀形成凹陷,而与阴极区域对应的钢铁材料不发生腐蚀。随着腐蚀过程的进行,阳极区域的腐蚀暴露出具有不同成分和结构的新材料,加之腐蚀产物在某些区域上堆积与浓缩,导致钢铁材料表面各区域的电极电位发生改变,即原先的阴极区域和阳极区域的位置因此而发生变化,甚至发生逆转,从而使得先前未腐蚀的金属区域开始发生腐蚀(图 2-6)。这种相对电极的逆转使得钢铁材料表面的腐蚀区域扩大,整个表面发生均匀腐蚀,直到钢体材料完全转化成铁锈为止。

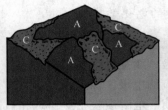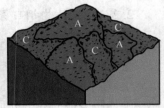

图 2-6　钢铁材料表面阴极和阳极区域的变化

2.2.2.3　结构钢与其他金属接触的电化学腐蚀

当结构钢与另一种金属材料接触时，由于两种金属的电极电位不同，将发生明显的原电池现象，其中的一种金属将完全充当阳极，而另一种金属则充当阴极。一般情况下可以使用标准电极电位来确定哪种金属作为阳极或阴极。图 2-7 所示为典型金属和合金的标准电极电位，图中靠左的物质易于失去电子而充当阳极，图中靠右的物质不易失去电子而充当阴极。异种金属对用不同的金属代替阳极或阴极可能会导致电流方向反转，从而导致金属腐蚀状况的变化。例如，当钢铁材料与锌组成原电池时，锌作阳极，钢铁作阴极，此时锌腐蚀而钢铁不会腐蚀；当钢铁材料与铜组成原电池时，钢铁作阳极，铜作阴极，此时钢铁腐蚀而铜不会腐蚀。从理论上讲，任何金属或合金都会腐蚀，但是如果将两种不同的金属或合金进行电接触，则其中作为阳极的材料发生腐蚀，并对阴极材料产生防护效果。基于选择阳极腐蚀来保护阴极材料的防护方法称为牺牲阳极防护。锌是钢铁材料防护应用最广的牺牲阳极。

图 2-7　几种典型金属和合金在水中的标准电极电位排序

2.3　结构钢腐蚀的影响因素

在正常的大气温度下，空气中的水分足以形成电解质而引发结构钢的电化学腐蚀过程。在环境温度下，水中的氧含量对于结构钢的电化学腐蚀至关重要。影响结构钢电化学腐蚀速率的因素有很多，包括扩散、温度、电导率、离子类型、

pH 值和电化学势等。通过应用抗腐蚀涂层或腐蚀保护技术（包括复合材料修补剂、金属修补剂和增强包裹物）可以控制或降低结构钢的腐蚀速率。结构钢腐蚀倾向的影响因素可以归为冶金因素、结构因素和环境因素三个方面。

2.3.1 冶金因素

结构钢的腐蚀倾向主要取决于其化学成分。在结构钢中添加的合金元素通常能够降低结构钢腐蚀倾向，即结构钢中的合金元素含量越高则腐蚀倾向越低。尽管碳通常不被视为钢铁材料的合金元素，但是，碳与其他合金元素的作用效果相似，也有利于提高钢铁材料的耐腐蚀性。钢铁的腐蚀倾向由高到低的顺序是钢、锻铁、铸铁。碳素结构钢通常在工业操作条件下易受腐蚀，导致其应用受到限制。了解钢铁材料的腐蚀倾向，有助于根据应用场景的腐蚀性选择或研制合适的钢铁材料。例如，在石油和天然气领域有时会在碳钢中添加微量元素，例如铬、铜、镍等。耐候钢由此产生。

另外，结构钢的微观组织，例如成分偏析、晶粒尺寸、轧制织构、位错密度以及表面质量等，都会对其腐蚀性产生重要影响。

2.3.2 结构因素

与具有大的平坦、规则的表面相比，带有许多小的结构部件和紧固件的结构钢表面更易于腐蚀。为减小腐蚀倾向，钢结构设计应注意以下几个方面的问题。

（1）死角缝隙、锋利的边缘和难以接近的区域容易积累灰尘和吸附水分，更易于发生腐蚀。在钢结构设计中应当尽量避免形成这样的死角位置，如图 2-8 所示。

图 2-8 水平的法兰和垂直的加劲肋形成了易腐蚀的死角区域

（2）积水。水分会形成电解质液膜，加速结构钢的腐蚀。在钢结构设计中应当避免可能产生积水的区域。有雨水或其他接触外来水的构件，应设计成一定的角度和畅通的水流通道，当结构中存在肋板时尤其如此，如图 2-9 所示。

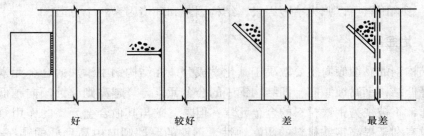

好   较好   差   最差

图 2-9   撑板角度导致水分滞留和发生腐蚀

（3）异种金属接触。当在结构钢系统中使用两种或多种异种金属时，可能会发生电偶腐蚀（多种腐蚀类型之一）。应注意选择金属以防止此类腐蚀。避免使用不同的金属对，如果在建筑结构中不可避免地使用异种金属，则应使用绝缘体（例如塑料或橡胶）将其隔开，如图 2-10 所示。

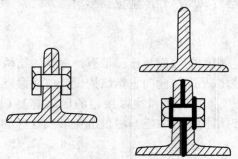

图 2-10   避免异种金属接触

（4）面积效应因素。如果结构中不可避免地存在电极电位不同的材料组合，则应考虑阴极材料的面积相比阳极材料面积越大越好，以避免阳极腐蚀速率过大导致构件早期破坏，如图 2-11 所示。

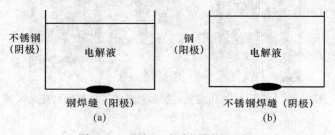

不锈钢   钢
（阴极）   电解液   （阳极）   电解液

钢焊缝（阳极）   不锈钢焊缝（阴极）
（a）   （b）

图 2-11   阳极面积小于阴极面积
（a）不好的设计；（b）好的设计

2.3.3 环境因素

腐蚀是由于与环境发生化学反应而导致的材料变质,结构钢的腐蚀行为受环境条件的影响。

2.3.3.1 扩散条件

在大多数情况下,金属的腐蚀速率是由反应物扩散到金属表面上和反应物从金属表面上扩散出去的情况控制的。刚暴露的裸露钢表面的腐蚀速率要比覆盖有致密锈层的表面腐蚀速率更大。腐蚀速率也受到氧气通过水扩散到钢表面的控制。在氧气扩散较快的地区,腐蚀似乎以更快的速度发生。高流量区域,如图2-12所示,由于氧气含量增加,往往会表现出较高的腐蚀速率。

图 2-12　汽车行驶产生的空气流通会导致腐蚀加剧

2.3.3.2 相对湿度

相对湿度是决定钢材表面形成电解质溶液膜的一个关键参数,每种金属材料都存在一个发生大气电化学腐蚀的临界相对湿度。对于结构钢而言,在没有污染物的情况下,只有当空气相对湿度超过 70% 时才发生电化学腐蚀。值得指出的是,金属发生大气腐蚀的临界相对湿度取决于空气中污染物的种类和数量,当大气中存在污染物,但污染物中不含二氧化硫时,结构钢发生腐蚀的相对临界湿度下降为 60%;当污染物中存在二氧化硫时,相对临界湿度下降更多。除了结构钢的化学成分、大气污染物成分等因素外,结构钢的表面质量对临界湿度也有影响。结构钢的表面氧化层的性质、表面粗糙度、裂纹等表面缺陷,以及是否存在灰尘等因素,会影响结构钢表面对水的吸附和润湿过程,影响电解质膜的建立,从而影响腐蚀行为。水、氧气和电解质是结构钢电化学腐蚀的基本要素，因此，水面附近的结构钢材料腐蚀速率最大，远高于有水无氧的水下部分和有氧无水的水上部分，如图 2-13 所示。

图 2-13　水面附近腐蚀最严重

2.3.3.3　温度

一般地，钢铁和其他金属在高温下的腐蚀速率要快于低温下的腐蚀速率。这主要是由于温度会提高原子扩散速度，而结构钢的腐蚀受控于氧原子的扩散速度。然而，温度对结构钢大气腐蚀的影响比较复杂。一方面，恒定的湿度和大气污染物条件下，温度的升高将导致较高的腐蚀速率，原因是电化学反应速度和反应产物扩散速度都随温度升高而提高；另一方面，升高温度通常将导致相对湿度的降低和表面电解质的更快蒸发，使腐蚀速率趋于降低。其他条件不变时，80℃左右腐蚀速率最高，如图 2-14 所示。

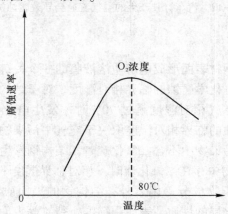

图 2-14　结构钢的腐蚀速率与温度的关系

2.3.3.4　电解质

为了发生电化学腐蚀，组成电偶的两个部分之间必须有导电介质形成腐蚀电流。蒸馏水不含有电解质，导电性极弱，因此结构钢在蒸馏水中不会发生腐蚀。溶液中存在较多的离子，随着电导率的增加，腐蚀速率也会增加。淡水对钢的腐蚀程度较小，海水通常对钢的腐蚀最大。海水中存在的某些类型的离子比其他类型的离子更具腐蚀性。氯离子通常对硫酸根和其他含硫离子的破坏力最大，因而在石油和产品运输工具的液货舱内底部会产生强烈的点蚀。

酸碱度（pH 值）对结构钢的腐蚀有重要影响。在中性海水中，pH 值约为7.5，这意味着氢离子（酸）和氢氧离子（碱）几乎处于平衡状态。在这种情况下，平衡铁溶解的反应是还原溶解的氧以形成氢氧根离子。但是，如果环境变得更酸性，则溶液中存在的氢离子数量会比氢氧根离子多，多余的氢离子会参与阴极反应，从而导致氢气逸出。由于氢离子和氢气都能非常迅速地扩散，因此反应产物浓度降低，腐蚀反应变得更快。这在运送石油焦、硫黄和含硫原油等货物时很常见。而在碱性条件下，当氢氧根离子过多且 pH 值趋于 14 时，钢就不会腐蚀并且不会受到影响。

3 结构钢的腐蚀防护原理与方法

3.1 结构钢腐蚀防护的意义

据估算腐蚀防护的成本约占一个国家国民生产总值的 3%~4%。腐蚀带来的危害还包括生命与环境安全。结构钢腐蚀防护是一项具有挑战性的任务。

3.1.1 结构钢腐蚀的危害

现代基础设施、运输工具、各种工业装备等都离不开结构钢。大多数的结构钢抗腐蚀性较差，在天然环境中，裸露的结构钢表面会发生自然腐蚀现象。腐蚀将导致结构钢表面由致密的金属转变成疏松、脆弱的铁锈。随着时间延长，腐蚀层增厚，直至全部转化成铁锈。实际上，在钢材全部被腐蚀成铁锈之前，由于安全和美观等因素，钢铁构件就已报废（图 3-1）。

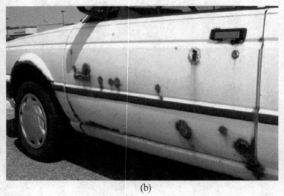

(a)   (b)

图 3-1 钢铁结构在室外的腐蚀

(a) 棚架；(b) 汽车车身

为了维持钢结构正常的功能，在钢铁构件发生明显腐蚀之前，需要对其进行维护修复。混凝土中的钢筋因为腐蚀可能会导致桥梁或建筑物的损坏或倒塌，因而产生大量的维修费用并危及公共安全。据统计，全球每年用于钢铁结构腐蚀防护和腐蚀破坏修复的费用高达数百亿美元。金属腐蚀每年给美国造成的损失约为4230 亿美元，约占 GDP 的 3%。另外，腐蚀的成本远不只是经济上，还可能导致自然资源的浪费、次生灾害及许多其他间接成本。例如，1967 年位于俄亥俄州普莱森特的俄亥俄河上的银桥由于腐蚀疲劳而突然倒塌，导致 46 人丧生，损失达数百万美元。

采用不锈钢代替碳素结构钢或低合金结构钢，从理论上讲是可以解决某些应用环境中的腐蚀问题，但是从材料成本、加工成本方面是不可取的。碳素结构钢和低合金结构钢除了抗腐蚀性能较差外，在熔炼、塑性成型、焊接等加工性能方面优于不锈钢。通过采取合适的腐蚀防护措施，结构钢材料完全可以满足长期安全使用的要求。

3.1.2 结构钢腐蚀的防护措施

即使在不利条件下，许多钢结构也可以令人满意地使用多年。很多钢铁结构已逾百年，俨然成为一个国家的历史地标。随着人们对腐蚀机制的深入认识，已经开发了很多腐蚀防护技术和防护材料。如果适当使用，完全可以延长钢结构的维护间隔并提高性能。

（1）结构钢的腐蚀是电化学反应的结果。结构钢的电化学腐蚀需要同时存在水和氧，缺一不可。如果能够将结构钢表面隔离水或氧，就不会发生腐蚀。由此发展了涂层技术，即在结构钢表面涂覆一层物理阻挡层，该阻挡层是气密性的，而且具有良好的耐腐蚀性。采用涂层技术是结构钢腐蚀防护的措施之一。

（2）电化学腐蚀需要电解质，而电解质成分、浓度和酸碱度对结构钢的电化学腐蚀有重要影响。通过加入某些物质调整电解质的组分，可降低其电化学腐蚀活性，具有此种特性的添加物称为腐蚀抑制剂。腐蚀抑制剂是结构钢腐蚀防护的另一个措施。

（3）电化学腐蚀的一个重要特点是阳极发生腐蚀，阴极不发生腐蚀。当结构钢与锌、铝、镁等金属形成原电池电偶时，结构钢为阴极，锌等金属为阳极。处于阴极的结构钢将免于被腐蚀。这种情况下，锌等金属充当了牺牲品，因此被称为牺牲阳极。牺牲阳极是结构钢腐蚀防护的又一个措施。牺牲阳极可以安装在结构钢表面，也可以以涂层的形式涂敷在结构钢表面。相似地，利用外加电源，将结构钢材料与外加电源的阴极相联，电源的阳极与另外的导体（如石墨板、金属棒等）相联，处于阴极的结构钢发生阴极电极反应，不会腐蚀。这种形式的结构钢腐蚀防护方法称为外加电流阴极保护。

3.2 涂层防护

结构钢可以采用多种类型的涂层进行腐蚀防护。结构钢的防腐涂层材料既可以是油漆、塑料等高分子材料，也可以是金属材料，分别称为非金属涂层和金属涂层。涂层为结构钢提供了第一道防线，将结构钢与腐蚀性介质隔离。致密、完整、附着性强、耐腐蚀涂层是结构钢腐蚀防护的重要保障。

结构钢的非金属涂层也经常加入一定数量的金属粉末或腐蚀抑制剂，以提高涂层的耐腐蚀效果。加入的金属粉末通常对结构钢有阴极保护效果，例如锌粉、铝粉等。

结构钢的金属涂层，按照涂层金属的化学性质，可分为贵金属涂层和贱金属涂层。前者涂层金属相对于结构钢为阴极，后者涂层金属相对于结构钢为阳极。

3.2.1　金属涂层

金属涂层又分为耐腐蚀的贵金属涂层和易腐蚀的贱金属涂层，前者是标准电极电位高于钢铁的铜、镍、锡和不锈钢等，后者是标准电极电位低于钢铁的锌、铝、镁和镉等。贵金属涂层应用的典型例子是镀锡钢，贱金属涂层应用的典型例子是镀锌钢。镀锌钢利用牺牲锌涂层保护钢铁基材。锌或镉比该系列中的铁或碳钢更具活性，如果电连接到铁，涂层将充当阳极，进而释放电子流向铁，如图 3-2（a）所示，从而保护铁阴极不会腐蚀成铁离子。只要附近有任何活性更高的金属，铁就可以保持完整。可以通过镀铬也可以保护碳钢，并且镀铬的表面比锌要亮。但是，由于铬镍电化学电位高于铁，铬涂层不能作为牺牲阳极，不能对铁提供阴极保护。如图 3-2（b）所示，如果铬涂层局部破裂（例如由于机械损坏），则铁暴露在主要由铬镍包围的小区域中。由于铬镍相对于铁而言是贵金属，因此它充当阴极，而铁充当阳极，因此，在钢铁表面会形成锈坑；并且由于阴极与阳极的面积比大，在阳极处可提供高电流密度，导致铁的腐蚀速度快，蚀坑快速形成及变大。

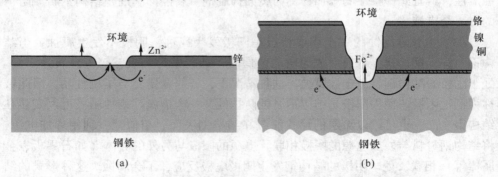

图 3-2　两种金属涂层防腐蚀效果

（a）贱金属涂层；（b）贵金属涂层

3.2.2　非金属涂层

有机涂层在腐蚀防护中的主要功能是将金属与腐蚀环境隔离。除了形成阻挡腐蚀的阻挡层之外，有机涂层还可以包含腐蚀抑制剂。对于给定的产品或使用条件，存在许多有机涂料配方，还有各种涂层工艺可供选择。

无机涂料包括瓷釉、化学固化硅酸盐水泥衬里、玻璃涂料和衬里以及其他耐腐蚀陶瓷。像有机涂料一样，用于腐蚀防护的无机涂料也可以用作阻隔涂料。

喷涂有机涂层是保护结构钢制品免受腐蚀的一种常见方法。有机涂层是将颜料（有色部分）、黏合剂（成膜成分）和溶剂（可溶解黏合剂）混合制成的，又称为油漆。油漆通常是分层涂刷，每层都有特定的功能或目的，底漆直接涂在清洁的钢表面上，其目的是弄湿表面并为随后施加的涂层提供良好的附着力。底漆本身通常也具有抑制腐蚀的作用。施加中间涂层（或底涂层）是为了增加系统的总膜厚。通常，涂层越厚，寿命就越长，中间涂层一般需要涂几层。面漆提供抵御环境的第一道防线，还可以根据光泽度、颜色等确定最终外观。

3.3 阴极保护

阴极保护可抑制腐蚀电流（腐蚀电流会导致腐蚀池损坏），并迫使电流流向要保护的金属结构，防止金属结构腐蚀。可以通过两种应用方法来实现阴极保护，这两种方法根据保护电流的来源而有所不同。一种是外加电流系统，即使用外加直流电源迫使电流从惰性阳极流向要保护的结构钢；另一种是牺牲阳极系统，即使用活性金属阳极（锌、铝或镁）将其与结构钢产生电接触，以提供阴极保护电流，如图 3-3 所示。两种阴极保护方式的共同特点是使结构钢处于电极反应的阴极。

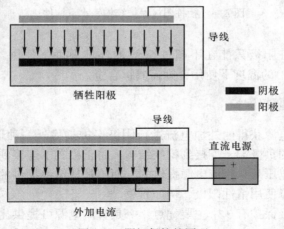

图 3-3 阴极保护的原理

3.3.1 牺牲阳极阴极保护

牺牲阳极是一种高活性金属，用于防止活性较低的金属材料表面被腐蚀。牺牲阳极由一种金属合金制成，该金属合金的电化学势比用于保护的其他金属的负电势更高。牺牲阳极将代替所保护的金属被消耗掉，这就是它为什么被称为"牺牲"阳极的原因。

牺牲阳极通常通过导线与结构钢连接。导线可以采用焊接或机械连接的方式接到结构钢和牺牲阳极上。导线应具有低电阻并与外界绝缘，以防止电阻增大或由于腐蚀而损坏。

牺牲阳极广泛用于保护船舶、热水器、管道、分配系统、地上储罐、地下储罐和精炼厂的船体，如图 3-4 所示。牺牲阳极阴极保护系统中的阳极必须定期检查并在其消耗完之前进行更换。

图 3-4　牺牲阳极保护结构钢水下构件

常规的锌牺牲阳极只能在不超过 50℃ 的环境温度下使用，以保护结构钢。如果要在超过 50℃ 的温度下使用，则需要锌合金。

3.3.2 外加电流阴极保护

使用从外部电源获得的外加电流进行阴极保护是另外一种形式的阴极保护。通过将直流电源的负极端子连接到钢铁结构，将正极端子连接到阳极来进行腐蚀保护。由于驱动电压是从直流电源提供的，而不是从电势提供的，阳极不需要氧化反应，因此可以使用惰性阳极，例如石墨。

外加电流阴极保护有 3 个主要优点：一是直流电源可提供比牺牲阳极更高的驱动电压（100~10000 倍），并可以保护更大的面积；二是所用的阳极（例如石墨）是惰性的，不需要连续更换；三是可以根据需要增加或减少电流。外加电流阴极保护通常适用于所有管线，因为不必像牺牲阳极那样进行连续监控，并且可以更好地控制电流大小。大多数汽车现在使用电池负极端子作为接地，除了其是一种方便的通电方式之外，此过程还可以改变汽车底盘的电势，从而减少（某种程度上）其生锈的趋势。外加电流阴极保护在钢和钢筋混凝土结构的腐蚀控制方面也发挥着重要作用，其原理是通过在混凝土表面提供额外的阳极系统，人为地降低内部钢筋的电势，避免钢筋的腐蚀。

3.4 腐蚀抑制剂

将某些化学物质添加到与金属接触的溶液中，这些化合物可通过在原电池的阳极或阴极形成不溶性薄膜，抑制腐蚀池的阳极或阴极反应。这种化学物质称为腐蚀抑制剂或缓蚀剂。

腐蚀抑制剂可以是有机物或无机物。有机腐蚀抑制剂通常在其结构中包含氮、硫和氧以及疏水性烃链，吸附在结构钢表面（通过物理或化学吸附），从而改变结构钢表面的物化性质。无机腐蚀抑制剂一般为含锌的磷酸盐、铬酸盐和硼酸盐等碱性物质。

根据作用机制的不同，腐蚀抑制剂有 4 种类型：

（1）阳极抑制剂。这类腐蚀抑制剂的作用是在金属表面形成保护性氧化膜。这会导致较大的阳极移位，从而迫使金属表面进入钝化区域，从而降低材料的腐蚀潜能。例如铬酸盐、硝酸盐、钼酸盐和钨酸盐。

（2）阴极抑制剂。这类腐蚀抑制剂可减缓阴极反应，限制还原性物质向金属表面的扩散。例如阴极毒物和氧气清除剂。

（3）混合抑制剂。这类腐蚀抑制剂是能够减少阴极和阳极反应的成膜化合物。最常用的混合抑制剂是家用软水器中用来防止生锈水形成的硅酸盐和磷酸盐。

（4）挥发性腐蚀抑制剂。这类腐蚀抑制剂是一类易挥发性化合物，在封闭环境中经过挥发成蒸汽后运输到需要防护腐蚀部位。例如吗啉或肼。在锅炉中，这些挥发性化合物与水蒸气一起运输，可以防止冷凝器管腐蚀。

4　锌金属涂层防护技术

4.1　锌涂层防护机制

4.1.1　锌金属的性质

  锌是地壳中含量丰富的元素，自然存在于岩石、土壤、空气、水和生物圈以及植物、动物体内。像所有金属一样，锌金属在暴露于大气时也会腐蚀。但是，由于锌金属能够形成致密的腐蚀产物，腐蚀速率明显低于钢铁材料（视环境而定，腐蚀速率为钢铁材料腐蚀速率的1/100~1/10），如图4-1所示。锌金属的腐蚀产物通常被称为锌铜绿。锌铜绿是在多种腐蚀过程中形成的。锌金属腐蚀形成的前期产物包括氧化锌和氢氧化锌；在锌金属腐蚀的后期，这些前期腐蚀产物进一步与环境中的二氧化碳相互作用形成碳酸锌，即锌铜绿。碳酸锌是一种化学性质稳定的膜，可紧密附着在锌金属表面，并且不溶于水。碳酸锌腐蚀非常缓慢，可保护下面的锌金属免遭进一步腐蚀。

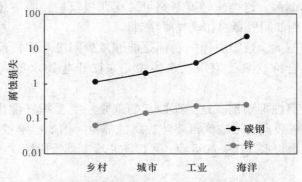

图4-1　北美地区各种暴露环境对碳钢和锌的腐蚀速率

  锌是一种无限回收的材料，全球每年生产超过1300万吨的锌，其中70%来自矿砂，30%来自回收资源，这对于锌作为钢铁材料的牺牲阳极的应用非常重要。锌和钢都可以100%回收利用，而不会损失任何化学或物理特性。锌是在空气、土壤和水中发现的天然元素，每年大约有580万吨锌通过自然现象在大气中循环。

4.1.2 锌涂层的腐蚀防护作用

镀锌涂层是在钢铁表面覆盖一层锌或锌合金层。表面镀锌的钢又称为镀锌钢。锌涂层对钢铁材料的腐蚀防护存在双重机制,即阻隔保护和阴极保护。

(1) 阻隔保护。锌涂层覆盖在结构钢表面,可提供一个不透水、不透湿气的阻隔层,不允许水分与钢铁接触,从而阻隔结构钢的电化学腐蚀。尽管锌涂层自身也会腐蚀,但是,由于锌涂层的腐蚀产物比较致密,能够阻挡氧向锌涂层内部扩散,因而可为下面的锌提供保护,使腐蚀速率明显低于结构钢(视环境而定,锌的腐蚀速率仅为钢铁材料腐蚀速率的1/100~1/10),见表4-1。锌涂层的这种阻隔保护作用与涂漆层或镀镍层、镀锡层等的作用相同。

表 4-1 不同大气条件下几种金属材料的腐蚀速率 （μm/a）

材料	乡村	城市	工业	海洋
结构钢	26	47	100	65
锌	2.4	9	9	4
铝	0.1	1	1	0.5

(2) 牺牲阳极保护。锌的标准还原电势约为-0.76V,铁的标准还原电势约为-0.44V。两种金属还原电位差异意味着锌对铁具有电化学阳极作用,通过优先腐蚀可使钢铁处于阴极免遭腐蚀。锌涂层的牺牲阳极保护可以降低对涂层致密度的依赖。即使镀锌钢在处理或使用过程中涂层受损,如镀锌板的剪切边缘、镀锌表面上的划痕等导致涂层缺失,使钢铁局部裸露,周围的锌涂层也将为这些区域提供阴极保护(图3-2)。锌涂层阴极保护存在一个有效的距离,该距离与涂层外部环境有关。在空气中,如果涂层表面电解质液膜不足,则锌涂层阴极保护的距离较小,只能保护较小面积的裸钢;当涂层完全连续润湿,特别是用强电解质,例如海水润湿时,只要有锌涂层残留,就可以保护裸露钢表面免遭腐蚀。

值得指出的是,因为锌涂层的厚度较小,锌金属质量有限,故其提供的阳极保护能力非常有限,在水下结构钢构件使用镀锌涂层实际作用效果不大。

4.2 锌涂层的种类

4.2.1 锌金属涂层

纯锌在大气环境中表现出优异的耐腐蚀性,并且锌的牺牲阳极防腐性能也可抑制钢板的腐蚀,是常用的钢铁防腐涂层金属。在钢铁材料表面涂一薄层的锌是提高钢铁结构免受腐蚀、延长使用寿命的有效且经济的方法。为了改善或提高镀锌涂层的某些性能，有时添加铝、镁、硅、稀土等合金元素，增加了锌涂层的品种。习惯上，无论是纯锌还是锌合金，都称为锌金属涂层。

铝可以增加液体锌金属的流动性，改善锌与钢板基体的冶金反应，提高锌涂层与钢材的界面结合力，并可以提高涂层的表面光洁度。锌涂层中铝的含量通常在 15%（重量百分比）以下。

镁可以提高锌涂层的耐腐蚀性能。镁通常富集在锌涂层的表面，可以使表面腐蚀产物更为致密，延缓腐蚀过程。此外，镁还能够细化锌涂层的组织并强化晶界。但是，由于镁的化学活性高，故易于生成氧化镁而使涂层表面质量变差。锌涂层中镁的含量通常在 3%（重量百分比）以下。

硅可以细化锌涂层晶粒，并可以使锌涂层表面更加平整光洁。锌涂层中硅的添加量一般不超过 1%（重量百分比）。

稀土元素具有很强的活泼性，可以细化晶粒，提高锌涂层的抗氧化性能，增加锌涂层的韧性，并降低腐蚀速率。但添加量必须严格控制，一般不超过 0.1%（重量百分比）。表 4-2 为几种典型的锌金属涂层的成分和性能。

表 4-2 典型锌金属涂层的成分和性能

商标	成分体系（质量分数）	特　点	耐腐蚀性
Zn	Zn≥98%	工艺简单，成本低	
Galvalume	Zn-55%Al-1.6%Si	较好的抗高温强化性和热辐射反射性，但镀层黏附性、成型性、焊接性较差	纯锌 2~6 倍
Galfan	Zn-5%Al-RE	镀层附着性好，润湿性改善，表面平整，成型性能好	纯锌 2~3 倍
ZAM	Zn-6%Al-3%Mg	耐腐蚀性能好，可用于极端工作环境，但表面质量差	纯锌 10~20 倍
DYMAZINC	Zn-0.2%Al-0.5%Mg	合金添加少，可用传统镀锌工艺生产，镀层硬度高、抗划伤	纯锌 1~5 倍
	Zn-23%Al-0.3%Si	硬度高、韧性好、耐腐蚀性高	纯锌 5~6 倍
SuperDyma	Zn-11%Al-3%Mg+微量 Si	耐腐蚀性能优良，镀层硬度高，具有较好的抗刮擦性能	纯锌的 15 倍

4.2.2 富锌涂料涂层

富锌涂料是含有锌金属粉末的涂料，通常在干漆膜中含有高于 85% 的锌金属粉。涂层中的锌金属粉可以起到牺牲阳极作用。漆膜黏合剂通常分为有机漆和无机漆两种。从阻隔保护方面有机富锌涂层优于无机富锌涂层，而从牺牲阳极保护方面无机漆富锌涂层优于有机富锌涂层。对于高湿度，化学气氛或盐水暴露的高度腐蚀环境，锌–环氧–氨基甲酸酯系统是最常见的富锌涂料。表4–3列出了几种常用有机富锌涂料和无机富锌涂料涂层的预期寿命。

表4–3　不同环境下常见富锌涂料涂层的估计寿命 （年）

涂层材料	乡村	城市	工业	海洋
环氧锌/聚氨酯	32	23	15	15
环氧锌/环氧/聚氨酯	29	20	14	14
无机锌	27	17	12	12
无机锌/环氧	32	23	17	17
无机锌/聚氨酯	32	23	17	17
无机锌/环氧/聚氨酯	30	21	15	15

　　影响油漆涂料应用的主要条件是钢铁温度和环境湿度。与现场施工相比，在车间喷涂油漆涂料时可以容易地控制这些条件。富锌油漆中的锌粉可以起到牺牲阳极保护作用。富锌油漆中的氧化锌和铬酸锌是通过其他机制发挥防腐机制，例如，铬酸锌在涂料膜中遇水离解，生成铬酸离子，使金属表面钝化而防止腐蚀效果。

　　为了实现干涂层中颗粒和颗粒间的电接触，锌粉含量通常必须为涂料中总固体的80%~95%（体积）。实际的重量百分比取决于黏合剂和其他添加剂的性质。尽管通常将富锌涂料单独使用，但也可以用作后续面漆的底漆，以获得更高的防腐性能。

　　富锌涂料涂层致密，屏障保护性能较好，施工便捷，没有加热产生的应力、变形等问题，对钢铁表面的处理要求也比较低。富锌涂料可以应用于任何尺寸和形状的钢铁，广泛用作高性能两层和三层涂料体系的底漆，并用于批量热浸镀锌涂料的修补和修复。在温和的环境中，无机锌漆可单独用于腐蚀防护，但在更恶劣的环境中应进行面漆涂覆以延长构件的使用寿命。多层涂层的截面微观组织如图4–2所示。

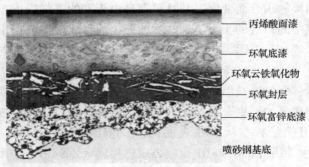

丙烯酸面漆
环氧底漆
环氧云铁氧化物
环氧封层
环氧富锌底漆
喷砂钢基底

图4–2　多层涂层的截面微观组织

4.3　锌金属涂层的制备工艺

以防腐为目的，在钢铁表面制备一层保护性的锌金属涂层的方法通常称为镀锌工艺。按照镀锌工艺的温度条件，镀锌工艺分为热镀锌、冷镀锌等；按照镀锌工艺的反应机制，镀锌工艺分为浸镀锌、电镀锌、机械镀锌、化学镀锌等。

4.3.1　热浸镀锌工艺

热浸镀锌是指将表面清洁的钢铁构件浸入 450～500℃ 熔融液体锌金属中，通过钢铁表面与液体锌金属的固/液界面冶金反应，在钢铁表面形成一定厚度的、连续且致密锌金属涂层，从而起到腐蚀防护的目的。热浸镀锌是结构钢表面制备锌金属涂层的最常见方法。

热浸镀锌的主要工艺流程分为四个步骤。

第一步，表面准备。将钢铁构件依次通过稀酸溶液和清洁处理，这样可以清除钢铁构件表面的锈蚀、水垢、油污或其他表面污染物。需要表面镀锌的钢铁材料在浸入液体锌金属之前需要对其表面进行严格清洁处理，因为液体锌金属难以润湿不洁净的钢铁表面，使界面反应受到抑制。

第二步，表面施加助镀剂。助镀剂通常为氯化锌和氯化铵的混合物。助镀剂的作用是防止清洁后的钢铁构件被重新氧化；同时，助镀剂还可以改善熔融液体锌金属在钢铁表面的润湿铺展，使液体锌金属在钢铁构件表面覆盖完整。

第三步，锌浴浸没。将钢铁构件浸入熔融液体锌金属中，液体锌金属可润湿钢铁表面，在液/固界面发生原子相互扩散，形成金属间化合物结合界面，从而在钢铁构件表面形成一定厚度的、结合牢固的、耐腐蚀的铁锌合金和锌金属涂层。

第四步，钝化处理。用含铬溶液处理镀锌钢。这是为了抵抗"湿存储污点"的形成，"湿存储污点"是传统上用于镀锌行业的术语，用于描述在存储和运输过程中有时在镀锌钢表面上形成的白色的氢氧化锌腐蚀产物。如果新镀锌的钢铁在接触表面之间接触水分而变湿，并且没有自由流动的空气进入，则会形成氢氧化锌。处理溶液中的铬有助于阻止这些腐蚀产物的形成。需要指出，铬溶液钝化不能应用于汽车等产品，因为钝化会影响磷化效果，降低镀锌钢的油漆附着力和可焊性。

钢铁表面镀锌层的微观组织相当复杂。在浸没过程中，由于铁和锌的相互扩散，将形成不同成分的锌铁金属间化合物相组成的镀锌层。图 4-3 所示为典型的热浸镀锌涂层组织结构。从钢铁表面向外，依次为 Γ（Gamma）相层 Zn75-Fe25、δ（Delta）相层 Zn90-Fe10、ζ（Zeta）相层（Zn94-Fe6）和纯锌 η（Eta）相层（Zn100）。各层的性能有较大差异，Γ 相和 ζ 相较脆，然而由于锌铁金属间化合物是通过扩散形成的，相邻层间以冶金方式结合，因此可以有效避免这些脆性金属间化合物相的开裂，从而保证整个热浸镀锌层的致密性和一定的变形能力。

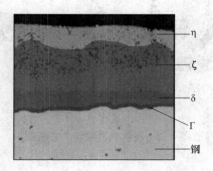

图 4-3 镀锌涂层的典型微观组织

镀锌层的微观组成和厚度受各种因素的影响，包括钢铁的化学成分、表面处理状态和热浸镀锌工艺参数等。结构钢镀锌涂层的厚度通常为 45~300μm。热浸镀锌的锌浴成分既可以是纯锌，也可以是锌铝合金、锌镁合金等。

钢铁公司采用热浸镀锌工艺批量生产各种规格的镀锌钢材产品，如钢板、带钢、钢管、方钢管、角钢、槽钢、工字钢等镀锌结构钢。下游的用户则通过对镀锌钢进行切割、冲压、拼装、焊接等工序可以制造出各种各样的镀锌钢结构产品。

热浸镀锌形成的锌金属涂层较厚，具有良好的耐腐蚀性，适用于环境较恶劣的酸碱及潮湿的环境，且外形美观，因而被广泛应用。但由于其工艺流程繁杂，对钢铁材料表面处理工艺要求比较高，每一步工艺参数都需要严格控制及检测，并且整个生产工艺过程中产生的废水对环境污染严重，环保投资很高，目前发达国家已禁止采用不环保的热镀锌工艺。

按照热浸镀锌钢铁构件的类型和镀锌工艺流程的特点，热浸镀锌分为批次热浸镀锌（B-HDG）和连续热浸镀锌（C-HDG）。

4.3.1.1 批次热浸镀锌

批量热浸镀锌，或称间歇式热浸镀锌，是将钢材或装配好的钢铁结构用钢丝悬挂或直接安置在可移动的机架上，机架带动钢材或钢铁制品依次进入表面清洁处理、助镀剂处理和热浸镀锌处理加工区域，最终在钢材或钢铁结构表面获得所需厚度的镀锌涂层，如图 4-4 所示。

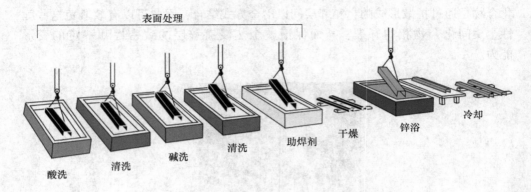

图 4-4　批次热浸镀锌工艺流程

（1）表面处理。镀锌前的表面清洁处理通常包括脱脂和去除表面氧化膜。脱脂处理可以采用热碱溶液（8%~18%NaOH 水溶液，室温，含铁量 110g/L）、温和的酸性浴液或生物清洁浴液。目的是去除钢板在前期加工、运输和存储过程中引入的有机污染物，例如污垢、油脂等。脱脂处理后应及时用清水中和清洗。常规的脱脂处理不能去除环氧树脂、乙烯基、沥青或焊渣等，此时需要通过喷砂或其他机械手段清除这些材料。钢铁材料表面因热加工（主要是热轧）产生的氧化皮和水垢，可以采用酸洗方法清除。酸洗工艺分为硫酸酸洗和盐酸酸洗，采用硫酸酸洗时，硫酸浓度 10%~20%，温度 50~80℃；采用盐酸酸洗时，盐酸浓度 20%~40%，温度 30~40℃。酸液处理后应及时用清水中和清洗。作为酸洗的替代方法或与酸洗结合的方法，也可以使用磨料清洁，如喷砂、喷丸处理。

（2）施加助镀剂。助镀剂处理是指在洁净钢铁材料表面形成一层助镀剂覆盖层。该助镀剂覆盖层起到两个作用：一是进一步去除钢铁材料表面残留的氧化物，并在钢上沉积一层保护层，以防止浸入熔融锌之前表面发生氧化；二是可以改善熔融锌金属在钢铁材料表面的润湿铺展，覆盖完整，起到润湿促进作用。施加助镀剂有湿法或干法两种方式。在干法工艺中，首先将钢铁浸入到氯化锌铵水溶液（60% $ZnCl_2$-40%NH_4Cl，pH4.0）中，之后将钢铁材料表面的助镀剂干燥，然后浸入熔融锌中；在湿法工艺中，液态锌氯化铵浮在熔融锌的顶部，经表面清洁的钢铁材料直接进入浸没到液体锌金属中。常用助镀剂及工艺参数见表 4-4。

表 4-4　热镀锌常用助镀剂及工艺参数

助镀剂	助镀时间/min	助镀温度/℃	烘干温度/℃	烘干时间/min
$ZnCl_2$	2~3	70~90	200~250	1~3（以实际烘干为准）
NH_4Cl	3~5	50~80	约 200	
$ZnCl_2$/NH_4Cl	1~2	50~60	约 200	

（3）锌浴。将钢铁材料浸入温度 440~450℃ 的熔融锌浴（Zn>98%［ASTM B6］，Al<0.007%）中，浸没一定时间后从锌浴中取出，多余的液体锌金属流入锌浴，而附着在表面的液体锌金属凝固形成镀锌涂层。钢铁材料在浸入时需要注意控制角度，当钢铁构件的形状比较复杂时尤其需要注意，以保证钢铁构件内部空间的空气及时逸出，从而保证液体锌金属接触到整个构件表面（图 4-5）；钢铁材料从锌浴中抽出时也要控制角度，以保证钢铁材料表面的液体锌金属及时流回浴中，而附着在钢材表面的液体锌金属可以形成足够厚的镀锌涂层。在浸没过程中钢铁材料的温度受到液体锌金属的加热作用而升高，锌钢界面发生原子扩散、金属间化合物形成等界面冶金反应。

图 4-5　浸没液体锌金属时的进出角度

　　将钢从镀锌浴中取出过程中，可通过振动或离心（对于小物品）等方式，去除多余的锌液。镀锌后的物品应风冷或在水中淬火。根据镀锌产品要求进行铬钝化处理，钝化处理使用重铬酸钠（$Na_2Cr_3O_7$ 水溶液，含量（300~1000）×10^{-6}）。镀锌钢最重要的检查方法是目测镀锌涂层外观，其次是利用测试设备测试镀锌涂层的厚度、均匀性和涂层附着力等。

　　由于热浸镀锌是整个浸入过程，因此空心结构的所有内表面以及难以进入的复杂零件的凸凹表面都被涂覆。这种完整、均匀的覆盖范围意味着所有部位发生腐蚀的临界点与可触及的平坦外部表面保护作用相同。批量热镀锌适用于小批量、多品种的生产，具有设备简单、投资少、生产灵活、适用性强的特点，因此目前我国的众多中、小生产厂家应用较多。

4.3.1.2　连续热浸镀锌

连续热浸镀锌使用生产线对钢板进行镀锌。该工艺可以形成非常耐用的涂层，并用于生产汽车和其他制造工艺的钢板。高速公路标志板也是以这种方式镀锌方式生产的。

连续热镀锌是在连续镀锌生产线上进行，主要用于制造镀锌钢板材和镀锌钢线材。以镀锌钢板为例，连续热镀锌过程包括展开冷轧钢卷、端部焊接，依次经过通过清洁区、退火区，然后以 200m/min 的速度送入熔融锌浴池（锌浴锅）。当钢材离开熔融锌浴池时，气刀会吹走钢材表面上多余的液体锌，将涂层厚度控制在规定的范围内。对镀锌涂层进行重铬酸钠钝化处理后重新绕成镀锌钢板成品。钢板的连续镀锌生产线如图 4-6 所示。

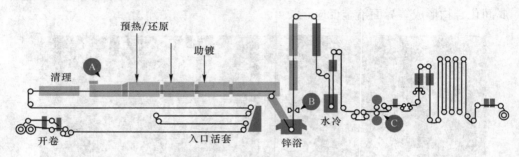

图 4-6　连续热浸镀锌生产线

在锌浴池中，移动的带材绕过一个旋转的浸没式沉水辊，并垂直改向离开涂层刀下方的熔池。稳定辊位于锌的表面下方，有助于控制带材的形状和振动，从而使带材保持稳定，平坦的带材在两个相对的气刀之间通过。典型的气刀采用低压大容量方法来输送压缩空气或氮气。压力是控制涂层质量（重量）的主要参数，也可以调整气刀的角度对涂层重量控制，以产生一致的、稳定的涂层状态，获得最小的浮渣以及几乎没有流挂现象的涂层。

与批量热浸镀锌相比，连续热浸镀锌的优点主要有两个：一是在控制镀锌涂层厚度方面具有更好的控制精度，使用气刀可确保整个钢板的厚度均匀；二是连续热浸镀锌生产效率高，钢板经端部焊接后可以形成连续不断的生产线。但是，连续热浸镀锌的适用性不强，仅适合成卷供应的钢板和丝材的表面镀锌加工。连续热镀自动化程度高、产品质量稳定、生产效率高，适宜于单一规格产品的大批量连续生产，但相应地设备投资大、工艺要求严格、不能随意停产，因此只有少数大型企业才能实现这种热镀工艺。

4.3.2　热喷涂镀锌工艺

热喷涂是指将金属丝或粉末熔化并喷涂到表面上以形成涂层的过程。常用的热喷涂热源有氧-乙炔火焰和电弧（包括等离子弧）。热喷涂通常需要借助压缩空气等高流速气体将熔化的金属雾化成细小的液滴，并将液滴高速喷射到经洁净的钢铁构件表面。金属液滴在撞击到构件表面的瞬间冷凝形成金属涂层。热喷涂金属涂层的组织结构是由互相镶嵌、重叠的无数微小片层机械地结合在一起。一般情况下热喷涂涂层是不致密的，内部含有相当数量的孔隙，如图4-7所示。为了获得气密性涂层，经常采用有机漆膜对热喷涂涂层进行密封处理。常用的密封剂为低黏度聚氨酯、环氧-酚醛、环氧树脂或乙烯基树脂密封涂层。即使不做表面密封处理，热喷涂镀锌涂层暴露于大气环境中时，锌涂层也可以为钢铁材料提供阴极保护，并且锌的腐蚀产物也会将涂层孔隙填充，从而形成气密效果。

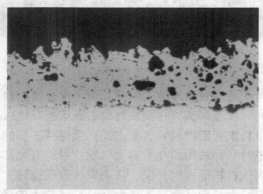

图4-7 热喷涂涂层的孔隙组织

与热浸镀锌相比，热喷涂镀锌有如下特点：

（1）热喷涂镀锌涂层表面粗糙，内部组织存在微孔隙，致密度约为热浸镀锌的80%。典型的锌及锌铝合金涂层的特征是和基体没有冶金结合，粗糙的基体表面可以促进与涂层的机械结合。

（2）热喷涂镀锌涂层与钢铁材料表面的界面金属间化合物层较薄，镀锌涂层在钢铁构件的拐角和边缘处往往更薄，界面结合强度也较低。

（3）热喷涂镀锌工艺的最大优势是工件尺寸不受限制，因此适合大型构件在施工现场原位制备锌涂层，例如输送管线、桥梁、海洋工程等，同时可以很好地覆盖焊缝、接缝、铆钉，以及用于热浸涂层缺失、损伤部位的镀锌涂层修复。图4-8所示为现场对桥梁构件表面施行热喷涂镀锌。

4.3.3 蒸汽镀锌工艺

蒸汽镀锌利用锌的易挥发特性（常压下锌的沸点为907℃），加热添加氯化锌或氯化铵的锌粉或锌粉与某些惰性材料（铝氧化物、耐火黏土、石英砂）组成的混合物至锌的沸点以上，使锌蒸发形成蒸汽，锌蒸气在钢铁材料表面凝结形成镀锌涂层。蒸汽镀锌工艺的主要步骤是锌蒸发、锌蒸气的冷凝、锌与钢铁发生界面冶金反应。

锌的蒸发速度和饱和蒸气压均随温度升高而增加。当锌的蒸气压力低于给定温度下的饱和蒸气压力时，就会发生蒸发；反之，当锌的蒸气压力高于给定温度

图 4-8　现场桥梁构件的热喷涂镀锌处理

下的饱和蒸气压力时，就会发生凝结。因此，为了保证锌原料不断蒸发以提供源源不断的锌蒸气，同时保证锌蒸气在钢铁材料表面不断凝结以形成足够厚的镀锌涂层，原料锌粉混合粉末和钢铁材料表面之间必须保持必要的温度梯度。锌蒸气在钢铁材料表面凝结时会释放出相变潜热，对钢铁材料有加热效果，这样会降低原料锌混合粉末与钢铁材料的温度梯度，从而影响蒸汽镀锌工艺过程的稳定性。

　　蒸汽镀层的主要缺点是产品镀层不规则（特别是在大的镀层空间内，产品尺寸大、物品少）、工艺不稳定（难以高精度控制镀层厚度）。值得一提的是，采用锌粉与某些惰性材料（铝氧化物、耐火黏土、石英砂）的蒸汽镀锌可以方便制备锌基复合材料涂层，这种工艺又称为硬相蒸汽镀锌。

4.3.4　电镀锌工艺

　　电镀锌工艺，又称为电化学镀锌工艺，以钢铁材料为阴极，对含有锌离子的电解质溶液通电，电解质中的锌离子不断沉积在钢铁材料表面，从而形成锌金属涂层的过程。电镀锌工艺的原理如图 4-9 所示。

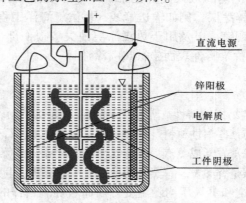

图 4-9　电镀锌工艺原理

电镀锌最常见的电解质为硫酸锌溶液，阳极通常使用铅银或其他不溶性导电材料，也可以使用可溶性的纯锌。

电镀锌是在常温下完成的，电镀过程缓慢且易于控制，这种电沉积锌涂层由紧密附着在钢铁上的纯锌组成。涂层组织为非晶或微晶组织，微观组织细小均匀，没有热浸镀锌的粗大晶粒，没有界面金属间化合物冶金反应层，该涂层具有很高的延展性，即使在严重变形后也可以保持完整。

电镀锌涂层的存在不会改变钢铁材料原有性能，这种薄涂层的钢铁材料具有优良的冷变形能力，适合制造诸如需要深拉加工成型的钢铁材料构件。电镀锌过程耗时长、消耗大量电能。由于电镀锌涂层的厚度较薄，通常只有 $3 \sim 15\mu m$，因此一般不能提供足够的抗腐蚀性能。

电镀锌工艺也分为批量电镀锌和连续电镀锌。和连续热浸镀锌工艺相似，连续电镀锌主要用于镀锌钢板的制造，两种连续镀锌工艺如图 4-10 所示。

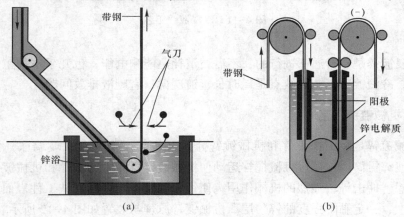

图 4-10　连续镀锌工艺示意图
（a）连续热浸镀；（b）连续电镀

4.3.5　化学镀锌工艺

化学镀锌，有时也称为冷浸镀锌，是将表面洁净处理的钢铁工件浸入锌盐的电解质溶液中，通过发生在固/液界面的置换反应，锌离子被还原成锌单质金属而沉积在钢铁材料表面。

冷浸镀锌的电解质溶液一般是氯化锌、氯化锡、氯化铵和酒石酸钾等无机盐的水溶液，在制备过程中，氯化锡的比例应始终小于氯化锌量的一半。电解质液盛装在内表面带有厚厚的橡胶或 PVC 板衬的冷浸镀锌槽中。将要镀锌的钢铁零件浸入冷浸镀液体锌金属中悬浮浸泡（图 4-11）。浸泡时间 $3 \sim 12h$ 不等，钢铁构件的面积越大、镀锌涂层厚度越大，则浸泡时间越长。浸泡期间需要定期搅拌浴液和添加更多的金属盐。在这种非电镀系统中，在催化剂的存在下，通过化学反应将诸如钴或镍之类的涂层金属沉积在基板上。

图 4-11　冷浸镀锌工艺

冷浸镀锌是在常温下进行的，不需要消耗热能和电能，也几乎不需工装，操作简便。冷浸镀锌工艺的缺点是耗时长、镀层薄、有废液排放问题。

4.3.6　机械镀锌工艺

机械镀锌是将钢铁工件和机械镀锌介质（锌粉、陶瓷球或玻璃珠）同时放入机械镀锌机筒内，通过机械搅拌运动使机械镀锌机筒中的工件和机械镀锌介质发生摩擦、冲击等较强烈的机械作用，使锌粉黏附、冷焊在钢铁工件表面，形成一定厚度、一定黏附强度的锌粉层。机械镀锌原理与装置如图 4-12 所示。

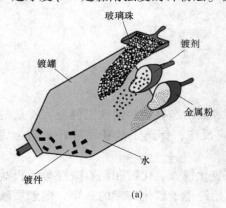

图 4-12　机械镀锌原理与装置
（a）原理示意图；（b）机械镀锌机外形

机械镀锌过程中玻璃颗粒破碎形成的锋利边缘有助于刺破钢铁工件表面，将锌粉钉扎和压实在钢铁表面上。钢铁工件在机械镀锌前要进行表面清洁处理，同时在表面电镀一层薄铜（5~100μm），以增加锌与钢铁表面的冶金结合。

受到机械镀锌机筒空间的限制，钢铁工件的尺寸通常限制在 200~300mm、重量小于 0.5kg。机械镀锌涂层的厚度由装入电镀桶的锌量和翻滚时间的长短调节。与热浸镀锌涂层相比，机械镀锌涂层存在细小孔隙，致密度约为 70%；另外，涂层厚度不够均匀，尤其是当工件带有凹口、盲孔、拐角及螺纹等复杂表面结构时，由于玻璃颗粒无法触及这些部位，不能提供锌粉有效的钉扎和压实效果，因此，机械镀锌最常用于高强度紧固件和其他不适合热浸镀锌的小零件。

4.3.7 富锌涂料施涂工艺

富锌涂料的施涂方法和施涂条件对涂料的质量和耐久性有重要影响。在结构钢上喷涂涂料的方法主要包括通过刷子、滚筒、常规空气喷涂和无气喷涂/静电无气喷涂。在受控的车间条件下，无气喷涂已成为最常用的方法，而刷涂和辊涂更常用于现场，特别是在结构边缘和尖角上的涂层通常是采用刷涂施工的。

富锌涂料施涂工艺主要流程：钢材前处理→转角及焊缝预涂锌层→喷涂锌→喷涂金属封闭漆→检查涂装质量→交付验收→现场安装→破损修补锌层→整体或局部喷涂金属封闭漆。金属封闭漆锌层厚度一般不小于 20μm。

有机富锌涂料的应用包括管道、油轮、钢结构（例如桥梁）、输电塔、汽车车身面板和镀锌涂层缺陷的修复。一般采用刷涂或喷涂的工艺施工（图 4-13）。

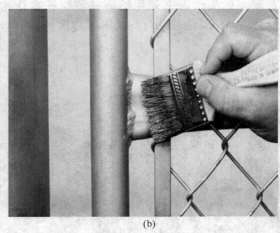

(a)   (b)

图 4-13 有机富锌涂料的施工

(a) 喷涂；(b) 刷涂

5 镀锌工艺与镀锌结构钢

锌涂层对于结构钢有机械保护及电化学保护双重作用，可以增强钢铁结构的耐腐蚀性能，大幅提高钢结构的使用寿命。镀锌已成为钢铁结构不可或缺的技术。

5.1 镀锌工艺的发展

5.1.1 早期镀锌技术

镀锌的历史可以追溯到 300 年前，当时一位炼金术士将清洁的铁浸入熔融的液体锌金属中，发现铁上形成了一层银色的金属涂层。1742 年，法国化学家麦露因（Melouin）向法国皇家学院提交了一篇论文，文中描述了如何通过将铁浸入熔融的锌中在铁上获得锌涂层。第一个镀锌专利是法国索雷尔（Sorel）于 1836 年申请的，其在专利中描述了通过把钢浸入熔融液体锌金属中获得锌金属涂层的流程。

镀锌技术首先被用作廉价的家用铁质器具保护涂层。1844 年，在威尔士彭布罗克码头供海军使用的镀锌波纹铁被认为是最早用于建筑用途的镀锌钢铁材料（图 5-1）。到 1850 年，英国镀锌行业每年使用 1 万吨锌来保护钢铁结构。

图 5-1　威尔士彭布罗克码头供海军使用的镀锌波纹铁

5.1.2 现代镀锌技术

目前镀锌钢产品渗透到各个领域，在日常生活中起着至关重要的作用。镀锌钢用于建筑、运输、农业、电力传输以及需要良好的腐蚀防护和延长结构使用寿命的任何地方。图 5-2 所示为镀锌钢结构在不同领域的应用比例。其中，建筑方面用量最大，占镀锌钢总量的 36%；用量排 2~5 位的分别是户外设施（27%）、农业与园艺（13%）、运输设施（9%）和日常用具（5%）。

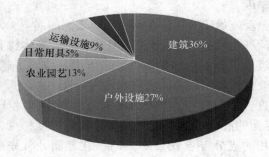

图 5-2　镀锌钢在各领域的应用情况

历史证明，镀锌是一种行之有效、经济且耐用的方法，可防止钢铁结构腐蚀，延长钢铁结构的服役寿命。大多数黑色金属材料都适用于热浸镀锌。例如，通常通过热浸镀锌工艺为纯碳钢（<1100MPa）和低合金钢、热轧和冷轧钢、铸钢、球墨铸铁、铸铁、不锈钢甚至耐候钢提供锌保护层。现代镀锌技术已经使镀锌产品从螺栓和垫圈之类的小零件发展到各类型材以及重达几吨的大型焊接钢结构。

早期连续热浸镀锌生产工艺大多采用森吉米尔（Sendzimir）法或改良的森吉米尔法，利用燃烧火焰直接快速加热带钢。显然带钢在退火炉中由火焰直接加热到高温，可以有效地把带钢表面残留的轧制油污烧掉，但无法清除带钢表面残留的铁粉等污物。这些铁粉会产生炉辊结瘤，进而在带钢表面产生压印及划伤，影响带钢的表面质量；同时也造成镀锌后的带钢产生表面镀层不均，使带钢的耐蚀性变差。另外，带钢表面残留的碳化物等也会使镀层附着力变差，不利于生产出高质量的镀锌产品。总之，森吉米尔法和改进的森吉米尔法工艺简单、产品成本低，但是由于直接火焰加热，尽管可以燃烧表面轧钢油，但是影响带钢表面质量，不利于薄规格产品的生产。

现代连续热浸镀锌生产工艺大多采用美国钢铁联盟工艺。该工艺在退火炉前设置清洗段，采用电解脱脂，可将钢带表面油污完全除掉。另外，该工艺采用全辐射管还原炉加热带钢，因而镀锌层的表面质量较好。该工艺虽然相对复杂、热效率低，但它可以生产表面质量更好、厚度更薄的热镀锌钢板，而且可以降低炉内的氢含量，提高安全性。

5.2　热浸镀锌的冶金反应

5.2.1　镀锌层的形成过程

　　浸锌产生的热量会在锌和钢之间产生冶金结合，并形成一层由锌-铁金属间化合物组成的镀锌层。镀锌层的成分及微观组织取决于钢的化学性质，并在很大程度上影响涂层的厚度。

　　热浸镀锌的冶金反应始于液体锌在钢铁固体表面的润湿。液体锌与钢铁的相互作用首先发生在液/固界面处。一方面，钢铁表面被液体锌金属溶解，溶解出的铁原子进一步向液体锌金属内部扩散；另一方面，锌原子越过液/固界面向固体钢铁内部扩散。液体锌对钢铁表面的溶解过程非常迅速，远高于铁原子向液体锌金属中的扩散速度，而锌原子在固体钢铁中的扩散速率相比之下可以忽略不计。因此，液/固界面的液体锌前沿快速建立起铁的浓度梯度，并首先到达锌铁的金属间化合物 ζ 相的成分（含铁量约 7%），在界面处首先形成了 ζ 相，如图 5-3 所示。

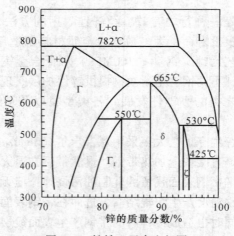

图 5-3　锌铁二元合金相图

　　界面 ζ 相的形成，阻隔了钢铁表面与液体锌金属的直接接触，伴随铁原子向 ζ 相内部扩散，ζ 相不断增厚；同时，ζ 相与液体锌金属界面处液体锌金属的铁浓度升高到一定值后，促进包晶反应，生成 δ 相。相似地，δ 相的生长激发了另一个包晶反应，生成了 Γ 相层。最终形成了多层结构的镀锌涂层组织，如图 5-4 所示。

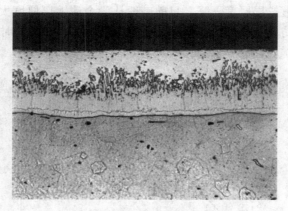

图 5-4 热浸镀锌涂层截面的微观组织

5.2.2 镀锌冶金反应影响因素

5.2.2.1 热浸镀锌工艺参数

锌-铁形成的金属间化合物相的热稳定性不高，ζ 相的熔点只有 530℃，镀锌温度对锌-铁金属间化合物的种类和生长速度产生影响。

在 450~490℃ 的镀锌温度下，涂层组织主要由柱状 δ 相和位于其上方的 ζ 相组成的致密且紧密的金属间化合物层构成。涂层厚度随镀锌时间的变化规律呈抛物线形。由于各金属间化合物的生长受到 ζ 相层内铁的扩散速率限制，该温度条件下镀锌层的生长为典型的扩散控制生长模式。

镀锌温度升高到 490℃ 附近时，ζ 相的形态和晶粒尺寸会发生显著变化。由于合金元素在 ζ 层的晶界中偏析，形成局部液化区域，使得 ζ 相层不再连续和致密，液态锌得以直接与 δ 层接触，溶蚀 δ 相而导致 δ 相层内出现碎裂。这样液体锌金属就有机会穿过 ζ 相层和 δ 相层而直接与钢接触，ζ 相层和 δ 相同时形成，涂层的厚度不再受原子扩散速度限制，涂层的组织也失去了分层特征。

镀锌温度高于 530℃ 时，镀锌层厚度随时间的变化呈直线变化。此时的温度高于 ζ 相的熔点，ζ 相不能形成，液体锌金属直接与 δ 相接触，并且由于此时温度更高，液体锌金属对 δ 相有更强的溶蚀作用，镀锌层的厚度倾向于比 480~530℃ 镀锌层的厚度更薄，如图 5-5 所示。

从图 5-5 中可知当热浸镀温度在 440~540℃ 时，镀锌层厚度随热浸镀温度升高而升高，而当热浸镀温度在 540~620℃ 时，镀锌层厚度随热浸镀温度升高而降低。这可能源于当热浸镀温度过高时，高锰钢表面镀锌层又会逐渐融入液体锌金属中，从而造成镀锌层厚度下降。目前一般认为金属镀层厚度大于 80μm 可保证基底金属材质的防腐，而热浸镀液体锌金属温度在 540~560℃ 时，厚度均超过规定，从而可满足防腐性能要求。

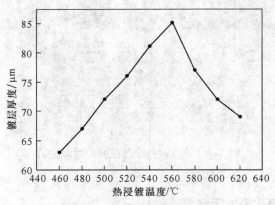

图 5-5　镀锌层厚度与镀锌温度的关系

5.2.2.2　钢成分对镀锌层形成过程的影响

（1）碳的影响。钢基中碳含量对热镀锌过程及所得镀锌合金层的特性有显著影响。通常，碳含量愈高，Fe-Zn 反应就愈剧烈，相同镀锌工艺条件下镀锌涂层的厚度也就越大。镀锌层厚度生长过快时，其微观组织变得不致密，镀锌层变脆、塑性下降、附着性降低，加工变形时容易剥落。因此，应严格控制含碳量来进行热镀锌。对于低碳钢、超低碳钢来说，基体中几乎没有加入合金元素，对镀锌板的表面质量影响极小。

（2）合金元素的影响。为了提高钢的力学性能，合金钢中添加了较多合金元素，如锰、硅、铝、磷等，这些元素中有些易在表面富集，形成氧化物。当钢板表面富集了这些合金元素的氧化物后，会降低钢板对液体锌金属的润湿性，使钢板不能顺利镀锌，发生表面漏镀，影响表面质量。在一般的低碳钢中，锰、磷、硫的含量很低，在正常含量下，它们对热镀锌层结构不会产生太大的影响。硅和磷会使镀锌层生长过快，形成厚而疏松的镀锌层，附着性变差，且易形成无纯锌层的灰色外观。所以要保证涂膜在热浸镀锌板上有良好的附着力，首先要保证镀锌层有良好的附着力，在炼钢过程中控制好合金及杂质元素的含量是关键之一。

（3）桑德林效应。当钢中的硅、磷、碳等元素的含量达到某一临界值时，会改变热浸镀锌的冶金反应动力学过程，使涂层厚度和微观组织异于常规。其中，钢铁中硅含量对镀锌冶金反应最为常见。在其他条件不变的情况下，随着钢铁中硅含量的增加，镀锌层的厚度呈波浪式增长，如图 5-6 所示。镀锌层厚度随钢铁硅含量的变化关系称为桑德林（Sandelin）曲线，硅含量对镀锌冶金反应的影响称为桑德林效应。磷也有着与硅类似的桑德林效应。由于结构钢多为优质钢，其中磷含量保持在较低水平，磷元素的桑德林效应不大明显。

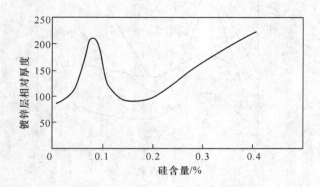

图 5-6　桑德林（Sandelin）曲线

由图 5-6 可以看出，硅含量 0.05%~0.15%（质量分数）区间出现桑德林曲线的第一个波峰；硅含量 0.15%~0.3%（质量分数）区间出现桑德林曲线的第一个波谷；硅含量超过 0.3%时桑德林曲线再次呈现迅速上升阶段。把硅含量在 0.05%~0.15%和 ≥0.3%（质量分数）的钢称为桑德林钢或高反应性钢；而硅含量在 0.05%以下，或者在 0.125%~0.3%之间的钢称为非桑德林钢或低反应性钢。

桑德林钢的镀锌层的微观结构从一系列稳定的金属间化合物相层变为大量被 η-Zn 基体包围的细 ζ 晶体。桑德林钢的镀锌层厚度大，且微观组织不致密，易于剥落。一些需要塑性加工的或者内应力较大的钢铁构件应避免使用桑德林钢。

除硅、磷化学成分影响外，桑德林效应受镀锌温度和镀锌时间的影响。如图 5-7 所示，随着镀锌温度的升高，桑德林曲线的波峰在 Si-P 为 0.8%~0.9%时几乎保持不变；波谷则从 440℃时的 0.12%变为 460℃时的 0.2%。

桑德林钢在低于 480℃的锌浴热浸镀锌过程中，首先在液/固界面生成金属间化合物 ζ 相。随着锌浴时间延长，ζ 相的厚度增加。锌浴热浸时间在 25s 开始出现了小的桑德林曲线特征。随着锌浴热浸时间延长，桑德林效应变得越来越明显，如图 5-8 所示。

5.2.2.3　锌浴成分对镀锌层形成过程的影响

多数结构钢都含有少量的硅元素，导致这些结构钢在镀锌过程中出现桑德林效应，形成厚且脆的镀锌层，弯曲变形时易发生镀锌层的剥落，降低镀锌钢的加

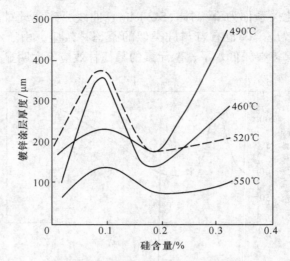

图 5-7　镀锌温度对桑德林曲线的影响

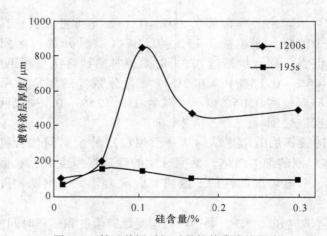

图 5-8　锌浴热浸时间对桑德林曲线的影响

工性。现代钢板的连续热镀锌生产线为抑制铁锌合金层的快速生长，往往在液体锌金属中添加少量的某些元素，如镍、铝、铅、锗、钛、铋、铜、镉或锡，这些合金元素能够抑制锌钢反应性和/或增加镀液体锌金属的流动性来解决桑德林效应，如图 5-9 所示。

（1）铝。铁与铝的化学亲和性高于与锌的化学亲和性（图 5-10）。当液体锌金属中添加少量的铝合金元素时（约 0.2%，质量分数），在镀锌过程中，钢铁表面首先形成一层薄的铁铝金属间化合物（Fe_2Al_5）。该金属间化合物层有利于抑制钢与锌的桑德林效应，同时可提高镀层的附着力和光洁度。这种铁铝金属

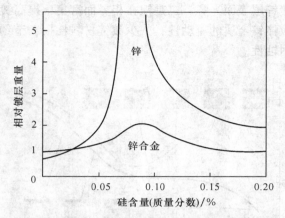

图 5-9 液体锌金属中添加合金元素抑制桑德林效应

间化合物称为过渡层（或称作抑制层）。

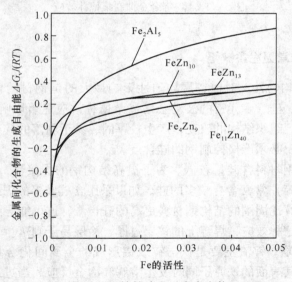

图 5-10 镀锌冶金反应自由能

（2）镁。锌浴中存在一定量的镁合金元素时，能够比铁优先与硅形成稳定的金属化合物，从而对高硅钢镀锌时出现的桑德林效应起到直接的抑制作用。此外，镁的加入（即使量很小）不仅能提高镀层的耐蚀性，还能使锌合金的熔点有所降低，这也对桑德林效应起到一定的抑制作用。

（3）镍。镍元素对桑德林效应有较明显的抑制作用，如图 5-11 所示。镍在热浸镀锌过程中有以下作用。一是抑制铁-锌冶金反应，提高镀锌层对钢表面的附着力，并保持镀锌层表面光亮；二是镍在相界面富集，提高镀锌层的硬度和耐磨性；三是改善液体锌金属的流动性，减少镀锌材料耗损，节约成本；四是进一步提高镀锌层的耐蚀性。

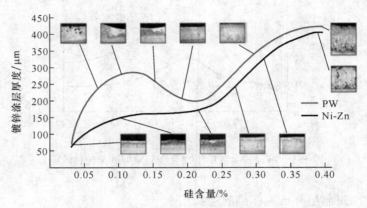

图 5-11　镍-锌合金抑制桑德林效应

5.2.3　热浸镀锌常见冶金缺陷

（1）镀锌层均匀性。对镀锌层均匀性影响最大的是钢材的化学成分和表面处理状态，其中，硅、磷元素的波动会通过桑德林效应显著影响镀锌层的厚度，并导致镀锌层微观组织结构的改变，产生较厚的、易于剥落的锌层。为了获得薄而致密的镀锌层，必须严格控制钢的硅含量。

常用的结构钢材料含硅量较低。为了提高结构钢的焊接性，焊材中（焊丝、焊剂、焊条药皮等）常常含有较多的硅。如果采用含硅较多的焊接材料焊接结构钢，焊缝金属具有比周围的结构钢材料更高的硅含量，这可能导致焊缝金属在镀锌过程中产生桑德林效应，焊缝上的锌层过厚、涂层易于剥落。

（2）锌渣缺陷。锌渣主要是铁与锌或铝形成的金属间化合物。带钢在进入液体锌金属后，其表面的铁原子同时发生溶解和冶金反应。当进入液体锌金属的铁低于液体锌金属中铁的饱和溶解度时，铁主要以溶解状态存于液体锌金属中；当进入液体锌金属的铁超过液体锌金属中铁的饱和溶解度时，铁便会与锌或铝形成金属间化合物析出。锌渣的组成与液体锌金属温度及其有效铝含量有关。在常用的液体锌金属温度下，当液体锌金属中有效铝含量低于 0.135% 时，锌渣的主要成分为 $FeZn_7$，该锌渣密度较液体锌金属密度大，称为底渣；当液体锌金属中有效铝含量高于 0.135% 时，锌渣的主要成分为 Fe_2Al_5，该锌渣密度较液体锌金属密度小，称为浮渣。在连续生产过程中，当液体锌金属中有效铝含量发生变化时，底渣可以转化成浮渣，反应式为：

$$2FeZn_7+5Al \Longrightarrow Fe_2Al_5+14Zn \qquad (5-1)$$

　　液体锌金属中铁的饱和溶解度与液体锌金属温度成正比，与液体锌金属有效铝含量成反比。在加入锌锭时，由于锌锭熔化消耗大量热量，会造成局部液体锌金属温度的降低，铁的饱和溶解度降低，从而会析出锌渣。图 5-12 所示为附着在带钢表面的锌渣缺陷。

图 5-12　镀锌层表面锌渣

　　减少锌渣缺陷的控制措施：一是控制液体锌金属中的有效铝含量，使锌渣主要以浮渣形式存在，同时尽可能减少有效铝含量的波动，控制有效铝含量波动在 0.02% 以下；二是确定合理的带钢浸入锌锅温度，采用高效液体锌金属温度控制模型，减少液体锌金属温度波动，将液体锌金属温度控制在 (460±3)℃ 范围内；三是加强清洗，保证入炉带钢表面铁粉含量低于 $40mg/m^2$；四是均匀加锭，避免有效铝含量和液体锌金属温度的剧烈波动。另外，及时捞渣，一般采取捞渣的方式去除浮渣，一定要注意捞取锌锅中带钢出口处的浮渣，以减少此处浮渣在带钢表面的黏附。

　　（3）镀层灰暗无光泽。通常当浸入镀锌浴中时，钢首先与熔融锌反应形成锌-铁合金层，该锌-铁合金层在浸入过程中会生长。从镀锌浴中取出后，通常将一些纯锌与制品一起拉出，以得到纯锌的外层，其外观通常是明亮的。涂层外观变化的主要原因之一是钢结构表面化学成分不均匀，特别是存在不同硅含量区域，因为硅在浸入熔融锌中时会严重影响钢的反应性。如果钢中硅含量高，则即使从镀锌浴中退出后，钢和锌之间的反应仍可能会继续进行。在这种情况下，纯锌的外层可以部分或全部转化为锌-铁合金，其外观会呈现暗灰色。高硅钢更可能产生暗灰色涂层，表面硅含量的变化可能会导致斑驳的表面处理，而在其他银色灰色涂层中则具有明亮和暗淡的区域或暗的蜂窝状图案。另外，镀层灰暗无光泽还常出现在具有较大截面的钢结构上，这是因为厚大钢铁构件的冷却速度较慢，保留的热量是将锌转化为锌铁合金的驱动力。

　　（4）白锈。白锈或称白色储存污渍，是镀锌涂层面临的典型问题之一，它以白色块状粉末状沉积物的形式出现，在特定环境下会迅速在镀锌涂层表面上形成。白锈会严重损坏镀锌层，并损害其外观。白锈是不稳定的氧化锌，主要是在氧气不足的情况下暴露于纯净水（如雨水、露水或冷凝水）时形成的。

5.3　镀锌涂层的种类

5.3.1　锌涂层

　　热浸镀锌的工艺参数主要有液体锌金属成分、液体锌金属温度和浸镀时间。对于纯锌涂层（GI）而言，液体锌金属的纯度不低于98%，其中，铝含量控制在0.18%~0.21%，铁含量控制在0.03%以下，铅的含量因锌花结构的不同而不同。

　　热镀锌生产中液体锌金属温度的高低，会直接影响镀件的镀层质量。温度过低，会降低镀层的结合强度和液体锌金属的流动性，使锌层发生局部堆积而造成厚度不均匀，甚至有使液体锌金属凝固的危险；温度过高时，会加速液体锌金属的氧化速度，使锌渣增多，镀层表面发黄、发黑。

　　热镀锌时液体锌金属温度一般应控制在（460±5）℃。浸镀时间过短，镀层厚度过薄，达不到耐腐蚀性能要求，还有可能产生漏镀缺陷；浸镀时间过长，则镀层厚度过大、韧性变差，在变形过程中易于剥落，降低镀锌钢的成型性能。浸镀时间一般控制在60~200s。

5.3.2　锌铁合金涂层

　　纯锌镀锌层钢带重新加热到590℃，使锌涂层与钢发生充分的扩散反应，并使带钢处于锌浴中时形成的抑制层破裂。在590℃下保温5~10s后，最外层的纯锌全部转化成锌铁合金。镀锌涂层全部由锌铁合金相组成，如图5-13所示。这种镀锌工艺得到的涂层为锌铁涂层（GA），外观呈暗灰色的哑光色。

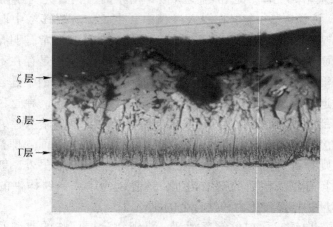

ζ层→

δ层→

Γ层→

图5-13　镀锌合金涂层的截面组织

GA 镀锌涂层目前广泛用于汽车用板，较之纯锌涂层具有更好的焊接性、可涂性和外观，以及在汽车类涂料下具有出色的耐腐蚀性。与普通的热镀锌钢板相比，它具有更好的耐腐蚀性、耐热性、涂着性、焊接性和成型性。热镀锌钢板合金化处理以纯锌热镀锌钢板为初始材料，其基本工艺为：表面处理后的钢板经锌锅镀锌并由气刀控制锌层的厚度，然后到锌锅上面的合金化炉经扩散退火处理，通过铁和锌的互扩散，使锌层转变成 Fe_2Zn 合金层。获得锌铁合金层的另外一种方法是高温镀锌，或称为 δ 镀锌。进行高温镀锌时，锌浴的温度比采用经典热浸镀锌的锌浴高 100℃以上。这种锌层仅由 δ 相组成，因此在表面上没有纯锌层。由于这种典型的形态不会出现桑德林效应，因此在局部较高的硅浓度下未观察到涂层增厚。该方法的缺点是长期腐蚀防护效果较差，因为镀锌层厚度较薄，锌的阴极防护性能较差。另外，δ 相包含高百分比的铁，外观会失去镀锌涂层的银色金属光泽。

5.3.3 锌铝涂层

大部分涂层几乎是纯锌，在基底和锌涂层之间有一个金属间层，其中含有约 6% 的铁。为了防止形成厚的、连续的锌-铁金属间化合物层，通常将 0.1%~0.2% 的铝添加到锌浴中。铝优先与钢反应形成薄的铁-铝金属间化合物层，该金属铝间层用作阻挡层并延迟锌-铁金属间化合物层的生长。在液体锌金属中加铝后，液体锌金属表面会形成一层保护性氧化膜，不仅可大大减少液体锌金属氧化，而且降低锌耗。热浸镀锌铝合金镀层具有表面光亮度高、耐蚀性好、镀层薄的特点，该合金镀层发展迅速，应用广泛。

在钢板浸入加铝的液体锌金属后，液体锌金属中的铝会富集于钢板表面，形成铁铝金属间化合物。热浸镀 Fe-Al 合金镀层由多种 Fe-Al、Fe-Zn、Fe-Al-Zn 金属间化合物相组成，包括六种 Fe-Al 金属间化合物，分别是 $\alpha_1(Fe_3Al)$、$\alpha_2(FeAl)$、$\epsilon(Fe_2Al_3)$、$\beta(FeAl_2)$、$\eta(Fe_2Al_5)$ 和 $\theta(Fe_4Al_{13})$，其中 Fe_2Al_5 和 $FeAl_3$ 是 Fe-Al 金属间化合物层的主要组成相；四种 Fe-Zn 金属间化合物，分别是 $\Gamma(Fe_3Zn_{10})$、$\Gamma_1(Fe_{11}Zn_{39})$、$\delta(FeZn_7)$、$\zeta(FeZn_{13})$ 和一种 Fe-Zn-Al 三元金属间化合物 Γ_2。如图 5-14 所示。液体锌金属中铝含量不同，镀层组织也不同。液体锌金属中含有微量铝时，镀层组织与纯液体锌金属镀层组织相同；当铝含量大于 0.13% 时，会出现 Fe_2Al_5 化合物；当铝含量超过 1.3% 时，会形成 $FeAl_3$ 金属间化合物。

一般来说，铝含量较低时，浸镀初期生成的 Fe_2Al_5 金属间化合物会随浸镀时间延长而消失；随着铝含量增加，会形成稳定的 Fe-Al 金属间化合物；随铝含量继续增加，ζ、δ、Γ 相逐渐消失，最后只形成 Fe-Al 金属间化合物。钢材在含铝液体锌金属中热浸镀时，钢基表面 Fe 原子与液体锌金属中 Al 原子的亲和力强，会在钢基表面优先形成 Fe-Al 金属间化合物，通过控制铝含量和浸镀时间可改变

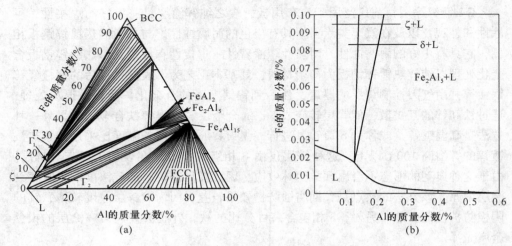

图 5-14 Zn-Fe-Al 三元合金相图
(a) Fe-Zn-Al 三元相图；(b) 富锌角

镀层组织。当液体锌金属中铝量较少时，钢基表面不会形成 Fe-Al 金属间化合物相层；随铝含量增加，钢基表面会生成 Fe-Al 金属间化合物相层。Fe-Al 金属间化合物相层的形成对镀层的生长有抑制作用，故称该相层为抑制层。在液体锌金属中添加铝后，由于在浸镀前期 Fe-Al 金属间化合物相层的形成会对铁锌间反应有一定的抑制作用，所以镀层的形成过程与纯锌镀层有所不同。

5.3.4 锌镁涂层

在锌镀液中添加镁可提高锌层的耐蚀性。在纯锌或 Zn-0.2%Al 中加入 0.5% Mg 时，镀层中性盐雾试验的腐蚀率下降到最低水平，在相同镀层质量下，其耐蚀性为普通热镀锌层的 1.5~2 倍；大气加速腐蚀条件下的耐蚀性达到普通镀锌板的 3 倍；腐蚀失重仅为普通镀锌板的 1/5。高耐蚀原因在于其腐蚀产物为致密的 $ZnCl_2 \cdot 4Zn(OH)_2$ 层，而普通镀锌层的腐蚀产物为疏松的 ZnO。另外，由于 Zn-0.5%Mg 镀层的硬度（达到 100HV）比普通镀锌层（65HV）的高，因此涂层具有较高的抗划伤性。

铝和铝镁添加剂对镀锌涂层特别有益，因此开发了很多相关产品，例如 Microzinc D4(Zn-3%Al)、Supergalva（Zn-5%Al）、Galfan(Zn-5%Al)、Galvalume（Zn-55%Al）、ZAM（Zn-6%Al-3%Mg）、MagiZinc(Zn-1.5%Al-1.5%Mg) 和 Magnelis(Zn-3.5%Al-3%Mg)。在这些涂层中，表面由锌、铝和镁的混合化合物组成，可在许多应用中提高腐蚀性能。图 5-15 所示为在工业应用范围内，铝和镁对 Zn-Al-Mg 涂层的耐腐蚀性的影响。

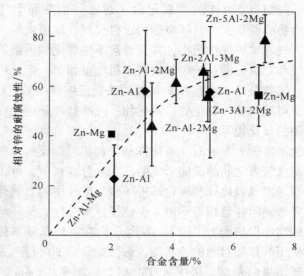

图 5-15   铝和镁对 Zn-Al-Mg 涂层的耐腐蚀性的影响

5.3.5   铝锌涂层

铝锌涂层的化学组成为铝（55%）、锌（43.4%）和少量硅（1.6%）。该涂层兼具铝的耐用性和锌的阴极防护性能，在海洋和工业环境中显示出优异的耐腐蚀性和耐高温氧化性。与镀锌钢板相比，在所有厚度范围（0.35~0.65mm），铝锌涂层比锌铝涂层均具有更高的比屈服强度和拉伸强度，更低的总伸长率。

铝锌涂层的微观组织分为三层，由内及外分别为界面反应层、富铝相层和富锌相层。涂层最外层的富锌相层使涂层具有锌涂层特有的阴极保护作用。一旦消耗了该富锌相层，富铝相和界面合金层便为涂层提供了较高的耐腐蚀性，提高了涂层的耐久性。添加少量硅作用是抑制富铝相和富锌相生长速率，使涂层组织细小而致密。在农村、工业、中等海洋和恶劣海洋环境中，铝锌涂层的耐腐蚀性通常比同等厚度的镀锌涂层至少高 2~4 倍。此外，铝锌涂层可以在更高的温度条件下使用，耐温 320℃，而镀锌板的耐温通常在 230℃以下。

5.4   镀锌结构钢的耐腐蚀性

5.4.1   大气腐蚀

结构钢大气腐蚀的严重程度取决于环境类型。热浸镀锌钢最常见的暴露环境是大气。大气作为腐蚀环境的复杂性是由大气成分以及污染物、温度、湿度、风速和风向等因素引起的。暴露于大气中的热浸镀锌钢的性能取决于五个主要因素：温度、湿度、降雨、空气中的二氧化硫（污染）浓度和空气盐度。按照大气中的水分和污染物的性质，大气环境分为农村大气、城市大气、工业大气、海洋大气等。农村大气通常腐蚀性最小，并且通常不包含化学污染物，其主要的腐蚀剂是水分、氧气和二氧化碳；城市气氛与乡村气氛相似，但是机动车和家用燃料的排放会产生一定数量的 SO_x 和 NO_x 种类的其他污染物；工业环境与繁重的工业加工设施有关，可能排放二氧化硫、氯化物、磷酸盐和硝酸盐；海洋大气湿度高，含有腐蚀性强的氯化物等。

当热浸镀锌钢暴露于大气中时，氧化锌是锌在相对干燥的空气中的初始腐蚀产物。这是由锌与大气氧之间的反应形成的。在水分存在下，可以将其转化为氢氧化锌，形成锌铜绿。氢氧化锌和氧化锌进一步与空气中的二氧化碳反应形成碳酸锌。碳酸锌膜紧密黏附并且相对不溶，保证了在大多数大气环境中由镀锌涂层提供出色而持久的腐蚀保护能力。图 5-16 所示为在室外暴露条件下镀锌涂层的厚度与涂层首次使用的预期时间的关系图。该数据是对 20 世纪 20 年代以来许多镀锌钢的暴露测试结果的总结。根据 ASTM A123，厚度 0.6mm 的结构钢的最小锌涂层要求约为 0.1mm，这相当于在工业环境中约 72 年的免维护寿命。

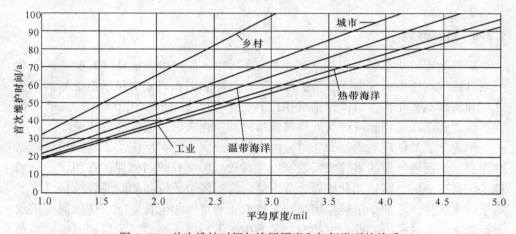

图 5-16　首次维护时间与涂层厚度和气氛类型的关系

镀锌涂层的首次维护的时间定义为直到 5% 的表面显示出氧化铁（红锈）的时间。在此阶段，不太可能腐蚀下面的钢或铁，或者不太可能由于腐蚀而损害镀锌涂层保护的结构的完整性。剩余的镀锌涂层足以为实施适当选择的刷涂或喷涂防腐蚀系统提供良好的基材。

除了已经讨论过的环境因素之外，镀锌钢的寿命还与锌涂层的厚度直接相关。尽管锌的腐蚀速率在大多数自然环境中相当慢，但在潮湿，富含盐分的环境中，锌的腐蚀速率每年可以增加到 0.1~0.5mil（1mil = 25.4μm）。第一座完全镀锌的钢铁桥梁于 1967 年在美国密歇根州建成通车。这座多梁桥横跨河流的低水位。1991 年（历时 25 年）对这座桥进行了考察，发现该桥状况良好，没有生锈；直到 2012 年（服务 46 年）仍未采取任何维护措施。

每次暴露条件下金属和镀锌涂层的估计寿命见表 5-1。

表 5-1 每次暴露条件下金属和镀锌涂层的估计寿命

涂层	涂层数量	农村	轻工业	重工业	海岸工业
锌铁合金	1	33	22	16	16
锌铁合金/密封漆	2	34	24	17	18
锌铁合金/密封漆/聚氨酯	3	39	27	22	22
4mil 热浸镀锌（1979~2008）	1	68	33	21	—
4mil 热浸镀锌（2014）	1	100	90	72	—

5.4.2 水腐蚀

5.4.2.1 淡水

水对大多数金属（包括钢和锌）具有腐蚀性，但是，由于锌表面生成不溶于水的锌铜锈，镀锌钢的腐蚀速率比裸钢慢得多。

淡水是指除海水以外的所有形式的水。淡水可以根据其来源或用途进行分类，包括热的和冷的生活用水、工业用水、河流、湖泊等。锌金属在淡水中的腐蚀是一个复杂的过程，受水中杂质的影响很大。雨水中除了灰尘和烟尘颗粒外，还含有氧气、氮气、二氧化碳和其他溶解气体；地下水携带微生物、侵蚀的土壤、腐烂的植被以及悬浮的胶体物质。各种淡水所含的物质及相关的酸碱度、流动性等不同，影响锌表面上形成的腐蚀产物的结构和组成。淡水中上述物质含量或条件的相对较小差异都会导致锌金属腐蚀产物和腐蚀速率发生相对较大的变化。因此，没有简单、统一的的公式可以预测锌金属在淡水中的腐蚀速率。

尽管如此，pH 值可以作为淡水对锌金属腐蚀性的一个重要指标。在低 pH 值（酸性）水中，氢气的释放会消除形成锌表面的保护膜，从而加剧锌的腐蚀；相反地，在高 pH 值（碱性）水中，锌更易于形成致密的保护膜，大大降低其腐蚀速率。镀锌涂层在 pH 值高于 4.0 和低于 12.5 的溶液中表现良好，如图 5-17 所示。由于许多液体的 pH 值在 4.0~12.5 之间，镀锌涂层在此范围内有良好的耐腐蚀性，所以镀锌钢容器被广泛用于存储和运输许多化学溶液。

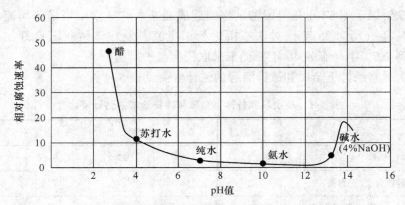

图 5-17　淡水环境 pH 值对锌涂层腐蚀的影响

5.4.2.2　海水

淡水中锌金属腐蚀的影响因素也适用于海水。然而，海水中溶解较多的盐，除存在氢离子和氢氧根离子外，还存在大量的金属阳离子、氯离子和其他酸根阴离子，导电性大大高于淡水。一般认为，水中的离子数量越多腐蚀性也越强。实际上，各种离子对锌金属的腐蚀作用是不同的，氯离子和其他酸根阴离子促进锌金属腐蚀行为，而镁、钙正离子则对锌金属的腐蚀有很强的抑制作用。

5.4.3　土壤腐蚀

土壤是一种比海水还要复杂的腐蚀介质。土壤的物质组成和性质差异较大，并且土壤中的水分、氧气含量还受天气、季节的影响。例如，在干旱沙漠地区，考古发掘了数百年前的铁器；但沉没在河道淤泥中的船可能会在不到一年的时间内腐蚀穿孔。高水分含量、高电导率、高酸度和高溶解性盐分的土壤最具腐蚀性。另外，土壤中还经常存在硫酸盐还原厌氧细菌等微生物，也会进一步加剧土壤的腐蚀性。

决定土壤腐蚀性的主要因素是水分、pH 值和氯化物。与其他变量相比，土壤腐蚀性在很大程度上取决于土壤的水分含量。水与其他成分（例如金属和氧气）一起被认为是电化学腐蚀过程中所需的主要元素之一。一般地，当土壤完全干燥时不会发生腐蚀。较高的水分含量会降低土壤的电阻率，进而增加腐蚀的可能性。值得指出，当土壤中的水达到饱和以后，多余的水分对电阻率几乎没有影响。

目前已经确定了 200 多种不同类型的土壤，并根据质地、颜色和自然排水对其进行了分类。粗糙和有纹理的土壤（如砾石和沙子）可以使空气自由流通，并且腐蚀过程可能与大气腐蚀非常相似。黏土和淤泥土壤质地优良，可以保水，导致通气和排水不畅，在此类土壤中的腐蚀过程可能类似于在水中的腐蚀过程。热镀锌钢在 45cm 深土壤中的腐蚀速率明显大于在 25~35cm 深土壤中。25cm 深土壤中，热镀锌钢腐蚀前期有一定程度的点蚀，腐蚀 70 天后表面生成碳酸锌保护膜，膜层的生长速率较慢；45cm 深土壤中，热镀锌钢交替发生点蚀与均匀腐蚀，腐蚀严重，表面生成的保护膜不完整。

5.4.4 混凝土环境

混凝土是一种极其复杂的材料。在建筑中使用各种类型的混凝土已经使混凝土的化学、物理和力学性能及其与金属的关系成为正在研究的主题。钢丝或钢筋通常埋入混凝土中以增加强度，由于钢筋嵌入混凝土后不可见，因此腐蚀防护对于保持结构完整性非常重要。

由于混凝土是多孔材料，因此腐蚀性元素（如水、氯离子、氧气、二氧化碳和其他气体）可进入混凝土基质，最终到达钢筋。一旦这些腐蚀性元素的浓度超过钢的腐蚀极限，钢筋就会开始腐蚀。随着钢筋的腐蚀，钢筋周围会产生压力，从而导致混凝土开裂、沾污并最终剥落（图 5-18），导致混凝土结构能力受损或失效，为了避免这种情况的发生，防止钢筋过早失效是关键。镀锌可以提高钢筋在大气中的耐腐蚀能力，同样地镀锌钢筋可以延长在混凝土中的使用寿命。尽管混凝土中的腐蚀机理与暴露于大气中的腐蚀机理有很大不同，镀锌钢筋可承受的氯化物浓度至少是无锌涂层钢铁的 4~5 倍，并且在较低的 pH 值下仍保持钝化，从而可减缓在大气及混凝土中的腐蚀速度。

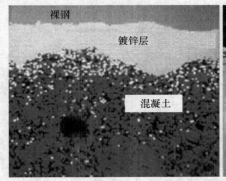

图 5-18 钢筋中的锌迁移

除了较高的耐氯性，一旦在镀锌钢筋上形成锌腐蚀产物，由于它们的体积小于氧化铁，会从钢筋中迁移出来并进入混凝土基质的孔中。这种迁移防止了由氧化铁颗粒引起的压力累积和剥落。镀锌钢在混凝土中的总寿命由锌钝化所花费的时间加上锌涂层的消耗所花费的时间决定,只有在镀锌钢筋的某个区域完全消耗掉涂层后,局部钢腐蚀才会开始。

　　由于锌的腐蚀产物比钢铁的腐蚀产物少得多,因此在使用镀锌钢筋时,混凝土的开裂、分层和剥落周期大大缩短。与裸钢钢筋相比,使用镀锌钢筋时,暴露于侵蚀性环境的钢筋混凝土结构具有明显更长的使用寿命。另外,镀锌钢筋与混凝土之间的黏结强度极佳。镀锌钢筋与混凝土之间的结合力比裸露钢筋与混凝土或环氧涂层钢筋与混凝土之间的结合力要强。

5.5　镀锌结构钢的加工性能

5.5.1　镀锌结构钢的塑性加工性

　　热镀锌钢板主要用于建筑、汽车、家电及其他行业。镀锌钢需要承受辊压成型和冲压加工。镀锌钢板锌层表面较脆,构成镀锌层的金属间化合物的硬度较高、塑性较差,如图 5-19 所示在冲压成型时易出现锌层的剥落。锌层剥落有两种形式:镀锌层呈片状剥落和镀锌层呈颗粒状剥落(图 5-20)。此外,还有因锌层表面与冲压模之间摩擦因数不匹配形成的钢板撕裂或皱皮等缺陷。冲压时剥落的锌层堆积于成型模中会影响冲压件表面质量。板的冷冲压成型性能较差,其力学性能与其基材牌号相同的冷轧板相比差异较大,对成形模具设计及表面质量要求较高。锌层的剥离多发生在锌层组织的 Γ 相与钢基界面上,而粉化则多发生在镀层中硬而脆的 δ_1 相层内的水平裂纹处。

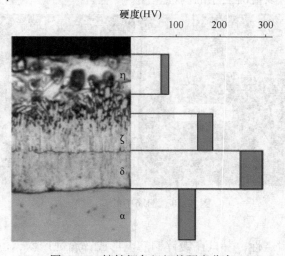

图 5-19　镀锌钢各组织的硬度分布

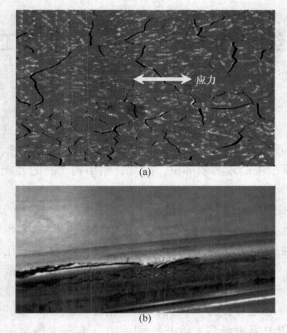

图 5-20　镀锌层的颗粒状剥落（a）与片状剥落（b）

5.5.2　镀锌结构钢的涂装性

镀锌结构钢的涂装性能取决于其表面状态，正确的表面准备对于确保有效的附着力至关重要。正确表面准备的两个关键：一是清洁（去除表面污染物），二是成型（允许良好的机械黏合）。如果镀锌钢需要在镀锌后进行钝化淬火，则淬火介质会干扰涂料的附着力，必须在涂装前将其清除。无论使用哪种制备方法，都必须注意不要去除过多的锌涂层。

6 结构钢的焊接性与焊接工艺

‹‹‹

　　只有少数尺寸小、形状简单的钢结构产品仅仅通过裁切和变形即可使用。对大型、结构复杂的钢结构而言，焊接加工是必不可少的。焊接接头往往产生各类焊接缺陷，成为钢结构的最薄弱部位。因此，钢结构产品的性能很大程度上取决于焊接质量。

　　焊接性是用来描述金属材料获得无缺陷、优质焊接接头的难易程度，反映该金属材料在焊接过程中及焊接后产生危害焊接接头性能的各种焊接缺陷的可能性。金属焊接性不是金属材料的固有属性，与金属材料的化学成分、热处理状态、尺寸规格、接头形式、焊接方法、焊接工艺参数、焊接材料、施焊环境等诸多因素相关。同种金属材料当采用不同的焊接方法施焊时产生的焊接缺陷不尽相同。焊接方法通常分为三大类，即熔化焊、固相焊和钎焊，其中熔化焊在钢结构产品制造中应用最多。除非特别注明，本书中的金属焊接性主要针对熔化焊方法而言的。熔化焊焊接接头在形成过程中经历局部加热升温、熔化、混合扩散、化学反应、凝固、固态相变等一系列物理化学过程，最终形成化学成分、组织状态、内应力分布等不同于母材的焊接接头，并经常伴随产生各种焊接缺陷。

　　结构钢熔化焊接头的焊接缺陷可以分为两类：冶金缺陷和工艺缺陷。冶金缺陷主要包括焊接裂纹、焊接气孔、焊接热影响区的脆化等；工艺缺陷主要包括焊缝成型不良、焊接飞溅、焊渣残留、焊接应力与焊接变形等。需要指出，冶金缺陷和工艺缺陷都可以通过选择合适的焊接材料、焊接方法和焊接工艺参数进行预防和控制。表 6-1 列出了几种焊接缺陷产生的原因和预防措施。

表 6-1　焊接缺陷产生原因和预防措施

原　　因	预防和控制措施
接头刚性大	焊前预热 分段退焊
熔合比大	减小焊接线能量
焊缝尺寸小	增加焊条尺寸 增加焊接电流 降低焊接速度

续表 6-1

原　　因	预防和控制措施
硫含量高	使用低硫的填充金属
焊接变形过大	对称施焊
弧坑热裂纹	在熄灭电弧之前填充弧坑
焊接残余应力	焊接结构设计 更改焊接顺序
脆性组织	预热 增加热量输入 焊后及时热处理

6.1 非镀锌结构钢的焊接性

6.1.1 焊接裂纹

焊接裂纹是结构钢焊接性最重要的组成部分。焊接裂纹不仅种类多、成因复杂，而且焊接裂纹对钢结构的危害最大，很多灾难性事故都是由焊接裂纹引起的。结构钢的焊接裂纹既可能出现在焊缝金属上，也可能出现在母材上；既可能沿焊缝方向、也可能垂直焊缝方向，如图 6-1 所示。而按照焊接裂纹形成时的温度条件，焊接裂纹通常分为焊接热裂纹和焊接冷裂纹，其中，焊缝热裂纹和焊接热影响区冷裂纹最为常见。

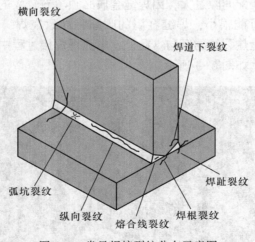

图 6-1　常见焊接裂纹分布示意图

6.1.1.1 焊接热裂纹

结构钢焊接热裂纹通常发生在焊缝金属上,是焊接熔池凝固结晶过程中形成的,因此又称为焊缝热裂纹、凝固裂纹或结晶裂纹。熔池液体凝固是通过金属晶体从熔合边界向熔池中心生长而完成的。在晶体生长过程中,溶质和杂质元素被推到生长界面的前面;在焊缝凝固的后期,高浓度的溶质和杂质元素会导致在焊缝中心产生低凝固点的金属液体,当受到横向收缩应变作用时,焊缝中心将发生开裂而形成焊缝热裂纹,如图 6-2 所示。

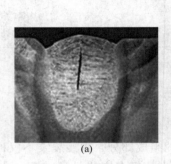

(a)   (b)

图 6-2 焊缝结晶裂纹形成示意图

(a) 焊缝截面;(b) 焊缝外观

结构钢的焊缝结晶裂纹敏感性与母材以及焊接材料中的碳、硫、磷含量有关。采用杂质含量少的焊接材料可以降低焊缝热裂纹的发生。

如果焊件焊前装配间隙过大,因焊缝金属必须填充较大的间隙,故导致焊缝的深度与宽度之比可能很小,焊缝金属的收缩将导致在焊缝中心施加较大的应变,从而会增大焊缝热裂纹的倾向。此外,电弧焊焊接过程中突然终止电弧时容易形成弧坑热裂纹,如图 6-3 所示。

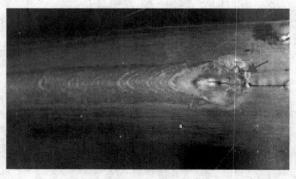

图 6-3 突然终止电弧导致的弧坑热裂纹 (MIG 工艺)

6.1.1.2 焊接冷裂纹

热影响区冷裂纹通常起源于焊缝与母材的界面附近，即熔焊区，且是当焊接接头的温度降低到 200℃ 以下后发生的。有些裂纹可能在焊接的几分钟内形成，有些可能会延迟几天。这种冷裂纹有时又称为延迟裂纹或氢致裂纹。

焊接热影响区冷裂纹的产生，必须同时存在三个因素。一是氢的存在。由于电弧中存在氢化合物的分解，在焊接过程中这部分氢被引入到焊接熔池中，熔池凝固后这些氢滞留在固态焊缝金属中。无论是在冷却期间还是在环境温度下，氢都可以迅速扩散到热影响区中。对于厚壁容器，扩散可能需要数周的时间。二是易淬硬的焊缝金属或热影响区。大多数熔焊工艺之后的冷却速度相对较快。这种冷却会导致在热影响区中形成马氏体或其他硬化组织，并可能在焊缝金属中形成。三是焊接后残留应力。在焊接热影响区或焊缝金属的易受影响的微观结构中，由于焊接产生的残余应力的诱导作用，氢在显微缺陷处聚集，导致脆性进一步增加，最终会产生裂纹萌生和扩展。图 6-4 所示为热影响区氢致裂纹形成过程的示意图。

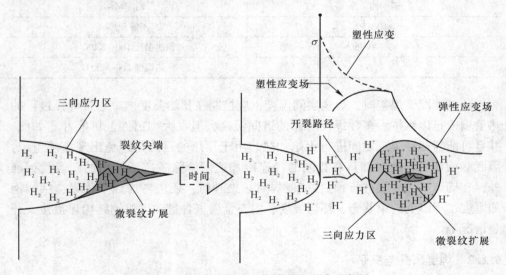

图 6-4　焊接热影响区氢致裂纹形成示意图

控制氢致裂纹的有效措施之一是减少从焊接材料输入到焊接金属中的氢。生产上常常通过使用氢含量少的焊接方法（如二氧化碳焊）和焊接材料（如低氢焊条、焊前用较高的温度烘干）来避免潮湿、生锈和油脂，从而限制氢的存在。预热、多道焊接过程中维持道间温度是预防冷裂纹常常采取的焊接工艺措施。因为通过预热和维持道间温度能够降低冷却速度，导致热影响区软化。其次，预热还可加速氢从焊接区扩散出去，焊缝冷却后残留更少的氢。避免氢致裂纹所需的最低预热温度取决于钢的化学成分、焊接线能量和所焊接结构钢板的厚度。

控制氢致裂纹的另外一个有效措施是避免结构钢焊接过程中形成淬硬组织。钢的淬硬倾向取决于其化学成分，碳是最重要的影响元素，其他合金元素也对钢的淬硬倾向有重要影响。钢的淬硬倾向可以用碳当量来描述。结构钢的碳当量有各种不同的计算公式，美国焊接协会（AWS）推荐的结构钢的碳当量（%）经验公式为：

$$C. E. = C + (Mn+Si)/6 + (Cr+Mo+V)/5 + (Ni+Cu)/15 \tag{6-1}$$

结构钢的碳当量越高，则焊接接头形成淬硬组织的倾向越大，焊接冷裂纹的敏感性也就越大。为了降低焊接冷裂纹敏感性，当结构钢的碳当量较高时需要采取必要的措施，比如使用低氢焊接方法和焊接材料；适当增加焊接热输入；适当采取预热和控制焊接层间温度以降低冷却速度等。碳当量常用于评估是否需要采取预热以及需要多高的预热温度，见表6-2。

表 6-2　结构钢的碳当量与焊接预热关系

碳 当 量	焊接预热
< 0.45%	不需预热
0.45%~0.60%	预热温度 100~200℃
> 0.60%	预热温度 200~400℃

预热情况下焊接时，焊道层间温度也应控制在预热温度内。通常焊接过程的热量输入足以维持大多数焊件所需的道间温度，但在大型部件上可能并非如此，并且可能需要在焊道之间进行火焰加热。由于预热的目的是避免出现淬硬组织，因此必须使所有道次都具有相同的慢速冷却速度。除了广泛使用的碳当量标准外，在确定是否需要进行预热处理/焊后热处理时，还应考虑以下因素：结构钢的厚度、焊缝的约束状态、环境温度、填充金属氢含量和类似钢结构焊接接头开裂情况等。

6.1.2　焊缝气孔与夹杂

6.1.2.1　焊缝气孔

与焊缝热裂纹成型机制相似，焊缝气孔也是在焊接熔池凝固过程中形成的。焊接熔池内的高温液体金属极易吸收过量的气体杂质元素（氮和氢等）。熔池在凝固过程中，由于液体金属的温度降低，特别是液体转变成固体过程中，气体的溶解度快速下降，所以溶解在液体金属中的气体被排挤出来。如果熔池凝固速度过快，多余的气体来不及从液体金属中逸出，就会以气孔形式被冻结在固体焊缝金属中。氮气孔产生的主要原因是焊接过程中保护不好，周围的空气侵入焊接区造成熔池液体吸收过量的氮。加强保护可以预防氮气孔的产生。氢有多种来源，包括空气中的水分、焊材中的水分以及母材表面的油污、含水铁锈等。焊缝气孔的形态各异，有的存在于焊缝金属内部，有的分布在焊缝金属表面，如图6-5所示。

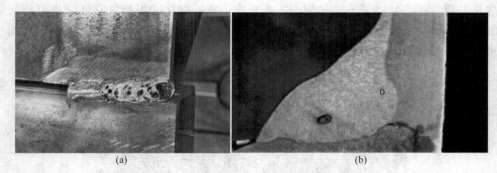

(a)　　　　　　　　　　　(b)

图6-5　焊缝金属气孔
（a）外部气孔；（b）内部气孔

焊接接头的清洁度对于避免产生气孔也是至关重要的，因为母材上的水分、油、油漆或铁锈也可能通过将氧气或氢引入焊缝金属而引起气孔。采用一些最低的预热温度通常对于去除吸咐水很有用。焊条等焊接材料需要焊前烘干以除去水分，可避免形成氢气孔。表6-3列出了造成气孔的常见原因和预防控制措施。

表6-3　焊接气孔产生的原因及预防控制措施

原　因	补救措施
焊接气氛中氢气，氮气或氧气过多	使用低氢焊接工艺 脱氧剂含量高的填充金属 增加保护气体流量
凝固速度高	使用预热或增加热量输入
焊接材料不洁净	使用洁净的焊接材料
工艺参数不当	改进焊接操作、控制电弧长度 使用合适焊接电流
钢表面涂层残留	清理涂层 控制电弧加热使涂层挥发
焊条受潮	焊前烘干焊条

6.1.2.2　夹渣

夹渣是一种与气孔相近的焊接缺陷，都是因溶解在液体熔池中的杂质未能在熔池凝固前逸出而残留在固体焊缝金属中产生的。夹渣是一种在常温下呈固态的杂质，焊接气孔是一种在常温下呈气态的杂质，如图 6-6 所示。夹渣主要是一些金属氧化物或其他非金属物质，如硅酸盐、硫化物或磷化物等。夹渣主要来源于焊接材料，例如焊条药皮。焊接材料和母材表面的水分、铁锈等使液体熔池吸收过量的氧，这些氧除了与结构钢中的碳反应形成一氧化碳焊接气孔外，也可能与结构钢中的合金元素生成氧化锰、氧化硅等，形成硅酸盐焊接夹渣。另外，采用多道、多层焊时，在焊道和焊层之间常常出现因焊渣清理不净导致的夹渣。

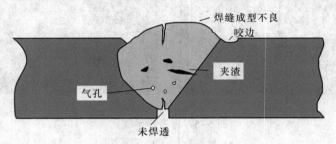

图 6-6　焊缝气孔与焊缝夹杂

6.1.3　焊接变形

结构钢在加热时会膨胀、在冷却后会收缩，而焊接是一个局部加热-冷却的加工过程，焊接接头附近因此会产生热应力，从而导致焊接变形及焊接残余应力。在升温阶段，焊接接头的热膨胀受到周围母材限制，产生热压缩应力；在随后的降温阶段，焊接接头的冷却收缩行为受周围母材限制，产生拉应力。当焊接过程中热应力作用不对称时，将导致焊接结构产生宏观变形（图 6-7）。

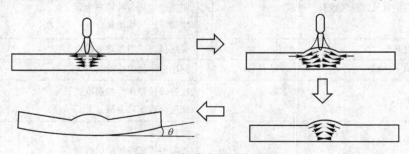

图 6-7　焊接变形形成过程

钢板对接时焊缝截面不对称，焊缝的上部宽度大于下部宽度，上部收缩应力大于下部，因此产生了向上弯曲的变形（图 6-8（a））。对于 T 形接头，底部水平板产生向上弯曲变形，上部立板发生向下弯曲的变形，最终形成如

图 6-8 （b）所示的焊接变形。当焊接钢板的厚度较薄时，还会发生更加复杂的波浪变形。

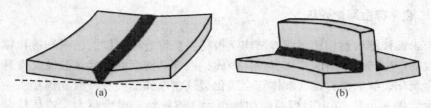

图 6-8　两种焊接接头的焊接变形
（a）对接接头；（b）T 形接头

避免和减小焊接变形的措施如下：

（1）应控制焊缝的数量和大小。当钢结构在焊接过程中存在大量的焊缝和大量的问题时，将为焊接变形提供更多的可能性。在设计钢结构焊接接头时，应将焊接数量和尺寸控制在一定范围内，以进一步改善焊接变形。

（2）应尽可能选择合适的焊缝尺寸和形状。合理选择焊接坡口的尺寸和形状，不仅可以在一定程度上保证钢结构的承载能力，还可以在一定程度上减小接头截面积，从而控制焊接变形。

（3）在钢结构的焊接过程中，焊缝的位置在物体的横截面中应尽可能对称。为了选择中性轴的焊缝，焊缝应尽可能靠近中性轴，同时避免在高应力区域内或附近。

焊缝越大、板材越小，则焊接接头的发生变形的机会就越大。除了尽量使焊缝金属截面对称之外，还可以采取刚性夹具挟持装配，反变形装配等措施预防焊接变形。如果预防措施无效，已经发生了焊接变形，可以通过机械矫正、热矫正方法减小变形程度。

6.2　镀锌结构钢的焊接性

镀锌结构钢是在结构钢的表面通过热浸镀锌或电镀锌工艺获得一层锌及锌合金涂层的结构钢。电镀锌涂层的厚度较薄，通常只有 $3 \sim 15 \mu m$；热浸镀锌涂层的厚度较厚，通常为 $45 \sim 300 \mu m$。几乎所有的热浸镀锌钢结构的生产制造都涉及焊接加工，有时会出现与焊接有关的缺陷，无论是美学缺陷还是结构缺陷。与无涂层结构钢相比，镀锌结构钢的焊接性较差。在镀锌钢的焊接过程中，镀层锌和基体钢物理特性差异极大，镀层锌的汽化先于基体钢的熔化，这一现象对镀锌钢的焊接过程和质量都有很大影响。采用常规熔化焊焊接镀锌钢时，由于锌的沸点低，在电弧刚接触到镀锌层时，锌迅速汽化，产生的锌蒸气向外喷射，很容易使焊接产生气孔、飞溅、未熔合及裂纹等焊接缺陷，电弧的稳定性也因此受到影响，导致焊接质量下降，同时焊接过程中还会产生大量烟雾灰尘。另外，由于熔化焊的焊缝宽度较大，且热输入量大，镀层锌的大量汽化降低了镀锌钢焊缝处镀锌层的缺失，焊接接头的抗腐蚀性能因而下降。

6.2.1　液体锌金属化裂纹

与未镀锌结构钢相比，镀锌结构钢极易发生焊缝热裂纹。已确知镀锌钢焊接热裂纹的产生与锌涂层的熔化有关，因此，镀锌结构钢的焊接热裂纹又常称为液体锌金属化裂纹。镀锌钢的液体锌金属化裂纹在电弧焊接头、激光焊接头中均可能发生（图6-9），在电阻焊时倾向性更大。镀锌涂层厚度越大，液体锌金属化裂纹问题越严重。热浸镀锌钢比电镀锌钢更容易产生液体锌金属化裂纹。

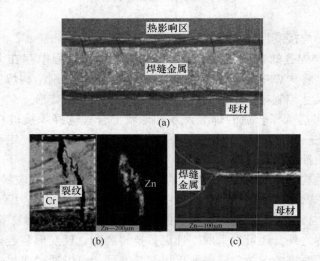

图6-9　镀锌钢电弧焊接时的液体锌金属化裂纹
（a）焊缝上焊趾附近的裂纹；（b）锌沿裂纹渗入；（c）残留在热影响区的锌

液体锌金属化裂纹的发生需要两个条件：液体锌金属化温度和拉张应力。在镀锌结构钢的电阻焊过程中，这两个条件最容易满足，因此，镀锌钢的电阻焊接头液体锌金属化裂纹问题最严重。图6-10所示为电阻焊接头液体锌金属化裂纹的形成机理。

镀锌层的熔点较低，纯锌的熔点约420℃，随含铁量增加，锌铁合金相的熔点分别是：ζ相530℃、δ相665℃和Γ相782℃，远远低于结构钢的熔点。在焊接开始时，温度较低，镀锌结构钢保持其原始状态。焊接加热使得镀锌结构钢局部温度升高，当温度到达750℃以上时，表面的镀锌层熔化成为液体锌金属。同时，在涂层与结构钢的界面处锌原子沿晶界扩散到钢中，导致结构钢的晶界熔化。在拉应力下晶界张开而形成裂纹。此外，结构钢中的铁原子也会扩散进入液

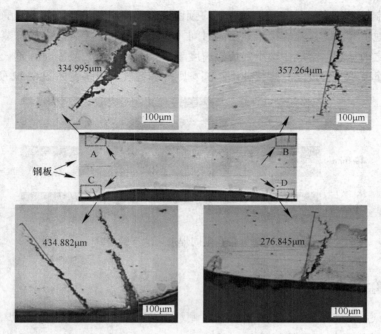

图 6-10 镀锌钢电阻焊接头的液体锌金属化裂纹

体锌金属中，提高液体锌金属的熔点，使液体锌金属凝固而失去毛细流动能力，液体锌金属化裂纹也就终止了。

6.2.2 焊缝锌气孔

镀锌结构钢焊缝气孔较无涂层严重。镀锌结构钢焊接气孔产生的原因除了氢、氮、一氧化碳等气体外，锌蒸气是另一个重要因素。

锌的沸点约为906℃，远低于结构钢的熔点（大约1500℃）。在结构钢焊接熔池的凝固温度下锌以气态形式存在。在镀锌钢板的焊接过程中，镀锌层极易汽化形成锌蒸气，且镀锌层汽化形成蒸气的尺寸范围要大于接头熔化区域，特别是结构钢贴合面上的镀锌层产生的锌蒸气往往难以顺畅逸出，在焊接熔池凝固前锌蒸气来不及逸出熔池从而产生内部气孔。镀锌钢焊接气孔主要是内部气孔（图6-11），对焊接接头的强度和疲劳寿命有不良影响。

图 6-11 镀锌钢焊缝金属气孔

　　要控制镀锌钢焊缝锌气孔，首先，应预留锌蒸气逸出通道，避免大量的锌蒸气进入焊接熔池；其次，延长焊接熔池凝固时间，使已经卷入焊接熔池中的锌蒸气在焊接熔池凝固之前从液体金属中逸出。焊接速度越慢，焊接熔池的凝固时间越长，焊缝锌气孔的数量就越少；反之，焊接速度越高，则焊缝锌气孔越多，如图 6-12 所示。

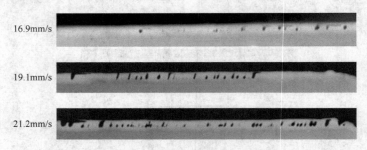

16.9mm/s

19.1mm/s

21.2mm/s

图 6-12　镀锌钢在不同焊接速度下的焊缝气孔

6.2.3　焊接飞溅

　　焊接飞溅是焊接过程中产生的金属颗粒（图 6-13）。飞溅还会在焊枪的喷嘴中堆积飞溅物，从而干扰保护气体的流动，在极端情况下，甚至会导致填充焊丝的进给不规律，影响焊接过程的稳定性。镀锌钢焊接飞溅与锌的蒸气有关。焊接过程中镀锌钢表层的镀锌层易迅速熔化和汽化，产生的锌蒸气在极大的焊接熔池压力下迅速爆破，从而携带熔池液体金属，成为焊接飞溅。另外，焊接过程中的锌蒸气会干扰焊接电弧，造成焊接过程不稳定，也导致焊接飞溅的产生。焊接飞溅不仅影响焊接接头的外观，对焊接接头的腐蚀性也会产生不利影响。如果对焊接接头进行防腐处理，飞溅位置的防腐效果一般也比较差。

图 6-13　镀锌钢焊接飞溅

在焊接之前应用硅、石油或石墨基飞溅释放化合物可减少焊接飞溅在焊接接头表面上的附着，使飞溅的颗粒在焊接后易于清除。

6.3 结构钢的焊接工艺

6.3.1 电弧焊

电弧焊是结构钢焊接的最常见方法。电弧焊有很多工艺，几乎所有的电弧焊方法都可以用于结构钢的焊接。但是对于镀锌结构来说，通常不建议使用钨极氩弧焊，其原因是镀锌钢在电弧焊接过程中会产生大量的锌蒸气（烟雾），该锌蒸气会污染钨电极并导致焊接电弧不稳定。

6.3.1.1 焊条电弧焊

焊条电弧焊，又称为手工电弧焊，是一种通用的电弧焊方法，成本较低、使用方便，既可以在车间施焊，也可以在现场施焊。焊条由钢芯及外部厚药皮组成。钢芯导电产生电弧，熔化后以熔滴形式过渡到焊接熔池，与熔化的母材共同组成焊缝金属；药皮在焊接电弧加热下分解和熔化，产生高温气体和液态熔渣。高温气体（主要是中性或还原性气体，如二氧化碳或一氧化碳）组成电弧气氛，并保护熔滴和熔池免受周围空气中的氧气和氮气的影响；液态熔渣具有稳定电弧、调控熔池液体金属成分、改善焊缝成型、保护固态焊缝金属和减缓焊缝冷却速度等作用。

（1）焊条选用。焊条选用的依据是焊接熔敷金属的化学性质和力学性能。焊条电弧焊的熔敷金属是指完全由焊条熔化得到的金属，是焊条钢芯和焊条药皮共同作用的结果。

焊条的选用有两个基本原则：强度相当和成分相近。焊接结构通常是按照强度设计和制造的。焊接接头的强度应该符合焊接结构设计要求。因此强度相当是结构钢焊条选用的基本原则。结构钢焊条的型号就是以焊条熔敷金属的强度为依据，如 E4303，型号中的前两位数 43 是指熔敷金属的最小抗拉强度为 430MPa，后两位 03 表示焊条的药皮类型为钛钙型酸性熔渣。该焊条的焊接工艺性能好，常用于焊接低碳钢结构和强度等级较低的低合金钢。如果结构钢的强度更高，且构件的厚度较大、存在较大的冷裂纹倾向时，则需要选用氢含量更低、抗冷裂纹性能优良的 E5015。同样地，E5015 前两位数 50 表示焊条熔敷金属的最小抗拉强度为 500MPa，后两位 15 表示焊条的药皮类型为低氢型碱性熔渣。

需要特别指出的是，如果构件需要在焊接后热浸镀锌，需要考虑焊缝金属成分对镀锌冶金反应的影响，确保焊缝金属中的硅、磷、碳等含量尽可能接近母材，因为这些元素具有桑德林效应，可能会在焊缝上形成过厚、变暗和不致密的镀锌涂层。

（2）焊接工艺参数。焊条电弧焊的焊接工艺参数主要包括焊接电流、焊接电压和焊接速度，每种规格的焊条都有推荐的焊接工艺参数范围。为了预防冷裂纹，需要考虑焊前预热和层间温度控制等焊接工艺。特殊情况下，比如在大风和下雪的天气中，应尽可能避免焊接施工。如果确实需要焊接，则应设置帐篷，然后在帐篷内施焊。同时，焊接过程必须确保风速在适当的范围内。

与无涂层的结构钢相比，镀锌钢的焊条电弧焊应特别注意镀锌层的低温熔化和蒸发所带来的焊接问题。应当避免锌蒸气进入焊接熔池而产生焊缝气孔。焊接装配需要设计成稍宽的装配间隙；应使焊条指向焊接速度方向将锌蒸气推离电弧；并使焊条在焊接熔池附近沿焊接速度方向小幅摆动，以便利用电弧热量预先除去待焊部位的镀锌层；适当选用较小焊接电流和较小焊接速度，以利于锌蒸气的逸出；在所有位置进行短弧焊，以更好地控制焊缝并防止断续的过度熔深或咬边，实现均匀的熔深。因为镀锌钢焊接时会产生较多的有害烟尘，为了保证焊接操作人员的健康，需要安装局部抽烟装置（图6-14）并保持良好的通风。在密闭空间内焊接镀锌钢时，焊工必须佩戴呼吸器。

图6-14　镀锌钢焊接时的局部抽烟

6.3.1.2　气体保护熔化极电弧焊

气体保护熔化极电弧焊是利用连续熔化的焊丝与工件之间形成高温电弧，采用惰性气体保护提供电弧气氛和保护焊接区域的焊接方法，简称气电焊，原理如图6-15所示。根据保护气体的类型，气电焊分为惰性气体气电焊（MIG）和活性气体气电焊（MAG）。MIG 焊接常用的惰性气体为氩气和氦气，MAG 焊接是在惰性气体中加入一定数量的氢、氧气或二氧化碳气体，以改进焊接工艺或改善焊缝成型。如果保护气体以二氧化碳为主则称为二氧化碳气体保护电弧焊，或简称为二氧化碳焊。二氧化碳焊是碳素结构钢及低合金结构钢焊接的一个重要的气电焊工艺。

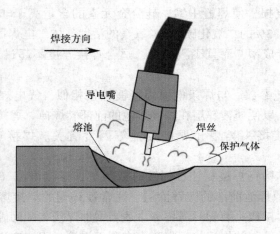

图 6-15　气体保护熔化极电弧焊示意图

（1）保护气体。在气电焊焊接过程中，对于焊接接头的最终质量而言，选择合适的保护气体至关重要。焊接接头的质量的主要特征是焊缝的外观、几何形状、化学成分、力学性能以及焊接飞溅、焊接缺陷等。保护气体的作用不仅是保护焊丝和焊接熔池不受周围空气的影响，还会影响电弧放电、液体金属的表面张力、焊接熔深、焊接烟气的数量和组成等。

氩气或氦气不会与金属发生化学反应，在液体金属中溶解的数量也非常小，可以用于焊接几乎所有金属材料，焊接结构钢时可以得到优良冶金质量。然而，采用纯惰性气体焊接结构钢时，电弧的能量密度较小，熔深浅，焊缝成型也较差。通过向惰性气体中添加少量氧化性气体（如 CO_2 和 O_2）可以防止这种情况发生。

活性气体在焊接时会与结构钢中的合金元素发生反应，导致合金元素的烧损，并可能在焊缝金属中形成氧化物夹杂。为了补偿合金元素的氧化损失以及避免产生氧化物夹杂，二氧化碳焊需要配用合金元素特殊配比的专用焊丝。典型的二氧化碳焊专用焊丝的成分为 H08Mn2SiA，其中，08 表示焊丝的含碳量为 0.8%，焊丝中添加了约 2%的锰元素和约 1%的硅元素。通过锰、硅联合脱氧能够降低焊缝金属中的氧含量，同时生成低熔点的复合氧化物（$MnO_2 \cdot SiO_2$）逸出焊接熔池，减少焊缝产生氧化物夹杂。

与无涂层结构钢相比，不论保护气体是惰性气体还是活性气体，气电焊焊接镀锌钢时都会出现大量的焊接飞溅。由于飞溅会进入焊枪的气体喷嘴内部，并在气体喷嘴内壁堆积，因此，需要频繁中断焊接去清洁焊枪气嘴，以保证良好的气体保护效果和电弧的稳定性。

二氧化碳焊接时，锌蒸气在电弧区域富集会降低电弧气氛的氧化性，减少焊丝中合金元素的烧损，使焊缝中锰、硅合金元素的含量高于非镀锌焊接时的情况。在氩气中加入3%的二氧化碳和5%氧气的活性气体气电焊可提供足够的焊缝熔深，良好的焊缝成型，而且飞溅更少，适合焊接厚度不超过3mm的结构钢镀锌板。

（2）焊接工艺参数。与焊条电弧焊接镀锌钢相似，气电焊也常常需要采取较低的焊接速度，以便使镀锌层在焊接熔池的前部燃烧掉。焊接速度的确定与镀锌涂层厚度、焊接接头类型和焊接位置等因素有关。焊接速度的降低量约为10%~20%。

与无涂层的结构钢焊接相比，焊接时适当增加焊接电流（通常将电流增加10A），有助于烧掉焊池前部的镀锌涂层。通常镀锌钢的焊接熔深小于未镀锌钢的焊接熔深，在焊接接头装配时需要考虑适当增加焊接装配间隙，以避免出现未焊透缺陷；同时，较大的焊接装配间隙也有利于焊接过程中产生的锌蒸气逸出焊接区域。施焊过程中焊枪的轻微左右移动也有助于实现均匀一致的熔深。

6.3.2　电阻焊

电阻焊是一种压力焊，多用于结构钢薄板的搭接连接，在现代汽车车身制造中占主导地位。电阻焊的焊接过程分为三个基本步骤：首先用两个铜电极将要连接的工件夹紧；然后在保持夹紧压力的情况下通入电流；最后停止通电，保持电极压力至工件冷却至室温。在通入电流的过程中，两电极之间的电阻热可以用焦耳定律描述：

$$Q = I^2 R t \tag{6-1}$$

式中，Q 是在时间 t、电流 I 和总电阻 R 的焊接周期内产生的热量。

总电阻 R 是7个电阻的总和，即电极电阻 R_1、R_7，工件电阻 R_3、R_5，界面接触电阻 R_2、R_4 和 R_6，如图6-16所示。考虑到各个电阻的相对大小时，各处的产热量是不同的。电极通常是由导电率高的铜合金制作的，R_1 和 R_7 的电阻较小；两个工件之间的界面接触电阻 R_4 是7个电阻中最大的。另外，通常采用水冷系统对电极的温度进行控制，电极对相邻金属产生温度梯度，因此，在两个电极之间的工件上形成了工件间界面温度最高、工件与电极界面温度低的温度场，如图6-16所示。在合适的通电电流和通电时间条件下，可以形成一个扁的椭球形熔核，熔核内两工件熔化并相互混合，在随后的冷却过程凝固成为焊接接头。

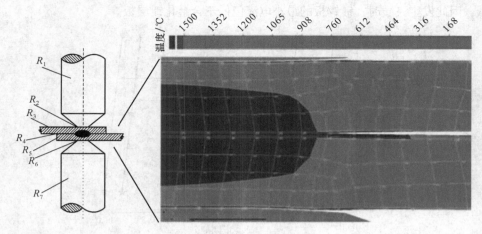

图 6-16　电阻焊的原理

工件的接触电阻对于电阻点焊焊接过程和焊接接头质量有重要影响。常温下碳素结构钢和锌的电阻率分别为 $1.0×10^{10}\Omega\cdot m$ 和 $5.5×10^{-8}\Omega\cdot m$，锌的电阻率比结构钢低2个数量级；同时，锌质地非常软，因此镀锌钢板的接触电阻比非镀锌的钢板小很多。电阻间的界面接触电阻，同样焊接电流参数下产生的电阻热少，难以在钢板上形成足够的熔核。另外，锌的熔点和沸点都很低，在电阻焊通电过程中镀锌层提前熔化甚至汽化，在钢板形成熔核之前液体锌金属和锌蒸气被挤出界面，会增大界面接触面积，进一步大幅降低工件间的界面电阻，更加不利于熔核的形成。同时，液体锌金属和锌蒸气的逸出过程会影响焊接电流场的稳定性，严重影响熔核的形成和长大。为了解决镀锌钢板焊接电流密度降低的问题，在焊接镀锌钢板时一般会采用增大预设电流的方法，但这样会使电极表面过热变形，严重降低焊接电极的寿命。同时锌烧损后则会污染电极，更容易导致焊接过程中产生更大的飞溅。锌蒸气也会影响熔核的结晶过程，造成熔核凝固过程中产生焊接气孔和液体锌金属化裂纹。

在相同镀层厚度下，电镀锌钢板所需的焊接电流最大，热浸镀锌板次之，热浸镀锌铁合金钢板最小。在相同点焊工艺条件下，虽然热浸镀锌铁合金钢板所需焊接电流下限稍低于热浸镀锌钢板，但是热浸镀锌铁合金钢板开始发生飞溅的电流值要明显高于热浸镀锌钢板。热浸镀锌铁合金钢板比热浸镀锌钢板的焊接工艺窗口宽约33%。由热浸镀锌钢板和热浸镀锌铁合金钢板混搭的点焊工艺窗口介于这两种材料的点焊工艺之间，如图6-17所示。热浸镀锌铁合金镀层板电流范围为2.2kA，比热浸镀锌板电流范围宽16%。镀层成分不同，钢板接触电阻不同。镀锌板接触电阻小，焊接初期产生的热量少，温度升高较慢，不利于基体的熔化及熔核的形成，因此，要形成同样大小的熔核，镀锌板相比镀锌铁合金镀层板需要更大的电流。随着通电时间的延长，焊接热量增多，温度不断升高，锌涂层在电极力作用下使周围钢板软化，不足以束缚熔核的长大，锌含量越高，越容易导致产生飞溅，因此发生飞溅时，镀锌板的最小电流值低于合金化镀层板。

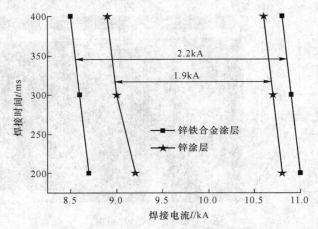

图 6-17 镀锌钢板的电阻焊工艺窗口

随着焊接电流的增大，电阻点焊接头的拉剪力增大；当焊接电流超过 10.5kA 时，点焊接头拉剪力下降。当焊接电流为 7.5kA 时，焊点金属未能达到充分熔合，不能形成熔核。焊接电流增加到 8.5kA 时，焊接热量增大，点焊接头剪切力增加，但焊点熔核尺寸较小，点焊接头强度仍不高。随着焊接电流进一步增加，热输入量进一步增加，熔核尺寸稳定增大，点焊接头的强度增大。进一步增大焊接电流，加热过于剧烈，焊点金属过热，会产生飞溅，接头剪切力开始下降。与热浸镀锌涂层相比，热浸镀锌铁合金涂层的表面锌含量较低，接触电阻高于纯镀锌板，在相同焊接热量下，合金化镀层板温度升高更快，形成的熔核直径更大，接头剪切力更高。焊接电流 11kA，焊接时间 300ms 时，点焊接头剪切力达到最大值，分别为 4.83kN 和 4.43kN，如图 6-18 所示。

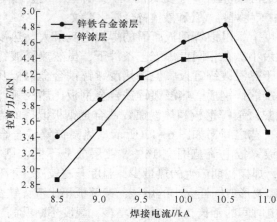

图 6-18 镀锌钢板电阻焊接头的力学性能

镀锌层对铜电极也有不利影响。镀锌层极容易与铜电极发生反应,使电极失效加快,降低电极的寿命。镀锌层中的锌、铝等元素容易与铜形成多种合金,使得电极端面的导电性与导热性严重变差;同时,电极与母材接触面的电阻也会发生较大的改变,电极表面金属的合金化导致其表面硬度变低,容易产生塑形变形,加速电极失效过程。为了提高电极的使用寿命,通常采用表面强化和基体强化两种重要方法对电极进行强化。表面强化主要有渗金属钛,离子注入钨,电刷镀钴,表面熔敷 TiN、TiC 和 TiB_2;而基体强化通常为深冷处理、冷作强化与合金化、陶瓷增强 Cu 基复合材料等。

6.3.3　激光焊

激光是一个热能高度集中的热源,可以获得深而窄的焊缝,焊缝两侧的热影响区也很窄。同时,锌蒸气导致的焊接缺陷也较轻。然而,镀锌钢激光焊接存在的问题仍然很多。锌金属烟雾可对激光束产生漫反射作用,阻碍能量的传递,降低激光的能量密度,不利于激光深熔焊时焊接小孔的稳定。为了保证原有的焊接熔深,需要增大激光功率,这不仅要消耗更多的能源,也增大了焊接缺陷的风险。此外,锌蒸气还会污染激光镜头,增大激光镜片烧毁的概率。

相对于对接接头,镀锌钢板的搭接激光焊问题更为严重,因为搭接接合面上的锌蒸气逸出困难,更容易产生锌蒸气导致焊接飞溅和焊缝气孔等焊接缺陷,如图 6-19 所示。当以零间隙搭接方式对镀锌钢进行激光焊接时,接触界面处的锌涂层会汽化。由于锌的沸点低于钢的熔化温度,高压锌蒸气将液态金属从焊接熔池中排出,从而形成气孔,大大降低了焊缝的力学性能。

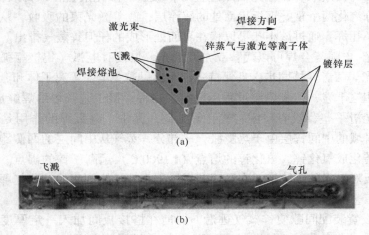

(a)

(b)

图 6-19　零间隙搭接接头的镀锌钢板的激光焊接
(a) 激光焊接原理;(b) 焊缝缺陷

镀锌钢搭接接头激光焊接质量影响因素复杂,包括激光工艺参数、镀锌钢参数以及装配等，如图 6-20 所示。解决镀锌钢板搭接激光焊锌蒸气问题也有不同的措施。

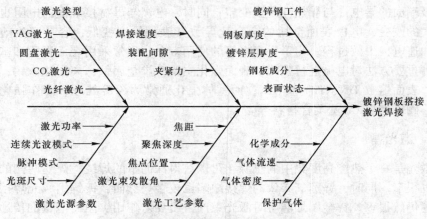

图 6-20　镀锌钢搭接激光焊接工艺参数

（1）在激光焊接方法方面。双光束激光焊接方法是在焊接过程中使用两束激光，一束激光用于焊接；另一束激光作为辅助加工，其作用包括延迟焊接小孔闭合，预先熔化镀锌层或切出细缝，切割细缝与焊接过程同步进行。图 6-21 所示为镀锌钢搭接双光束激光焊接过程。图 6-21（a）所示的散焦激光束用于预热。当通过预热使锌涂层汽化的区域的宽度大于锌沸腾等温线之间的距离时，能获得良好的焊接效果。在激光预热过程中，散焦的激光束会在顶部表面燃烧锌，熔化并部分汽化两个重叠钢板界面处的锌涂层，改善激光束的吸收，从而形成一个稳定的小孔焊，通过该小孔可以将在界面处形成的任何锌蒸气排出。

用激光-电弧复合焊可以代替双光束激光。焊接时电弧（钨极氩弧或等离子弧）和激光焊两者保持同步，且保持一定距离以避免电弧等离子体和激光等离子体之间的相互干涉，造成焊接过程不稳定。这种焊接工艺获得的焊缝成型性好，焊缝表面光滑平整，没有飞溅、气孔等缺陷。其中，电弧焊的作用是对钢板预热，焊缝区域的中间锌层由于热膨胀，一部分锌蒸气从中间层的两侧跑出，另一部分锌被转化成氧化锌，氧化锌的熔点（>1900℃）远高于锌的沸点。预热也可以提高钢板对激光的吸收率，有利于获得稳定小孔，为剩下的锌蒸气释放提供通道。这种工艺要求激光束与电弧焊的焊枪之间保持精确的偏置。

（2）设置装配间隙使锌蒸气逃逸。焊前在搭接板间加入一定厚度的垫片形成板间间隙，大小在 0.1~0.2mm 之间，且随着锌层厚度增加，间隙也略微增大。这是一种有效的方法，但存在诸多缺点，如对预留间隙的精度要求高，焊接过程中板材的热变形以及镀层厚度变化都会改变间隙尺寸，在生产中难以控制。也可以在一个镀锌板上预先压制出凸点，装配出允许锌蒸气排放间隙。另外，还可以

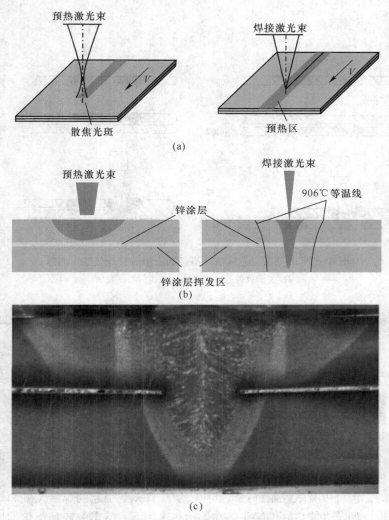

图 6-21 镀锌钢板搭接双光束激光焊接
(a) 焊接装置示意图；(b) 温度场；(c) 焊缝截面

通过激光造窝技术事先在被焊板材的一面上形成一定数量的激光窝，由于激光窝周边熔化凝固后的金属高于待焊板平面，搭接时可以获得 0.15~0.18mm 的板间间隙，为锌蒸气逃逸提供通道，具体做法如图 6-22 所示。

（3）优化激光焊接工艺。延长激光束或使用低功率/低焊速激光焊接，在焊接过程中锌蒸气通过锁孔或扩大的熔池脱气。脉冲激光焊接可减少锌蒸气，通过仔细控制脉冲能量、脉冲持续时间、峰值功率密度、平均功率和焊接速度，可以在脉冲模式下减少锌蒸气，并通过稳定的锁孔有效地排出锌蒸气。如果在焊接过

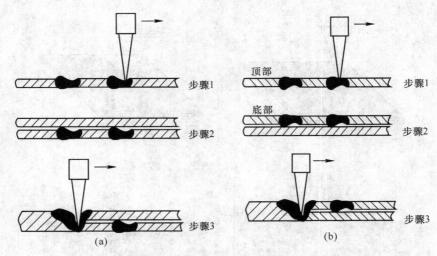

图 6-22　利用激光造窝法在搭接面上形成锌蒸气逸出间隙

(a) 位于板料上表面；(b) 位于板料下表面

程中金属零件垂直放置并垂直移动，而激光束是静止的并且水平地施加到零件上，那么在搭接接头上进行连续 CO_2 激光焊接会产生更好的结果。

（4）优化焊接保护气体。在氩气中添加少量的氧气（2%～5%）作为保护气体，有助于锌与氧气反应，减少锌蒸气的挥发量，降低焊接飞溅和焊接气孔倾向。加入氧气容易导致焊缝金属氧化，降低焊接接头的韧性。

（5）镀锌钢板表面处理。搭接部位采用高熔点的镍镀层（熔点为 1453℃）代替锌层可以避免锌蒸气的不利影响，减少焊接飞溅和焊接气孔的产生。

（6）合金化。理论上，添加的合金元素如果能与锌发生化学反应，生成高熔点合金均可以改善焊接性，其中铝、铜是常用的合金元素。在被焊镀锌板之间加入一定厚度的铝箔可以有效控制锌蒸气产生，解决锌蒸气引起的焊接飞溅和焊接气孔问题，获得成型及性能良好的接头。在焊接热作用下，液态的锌和铝化学反应后可生成一种更高沸点的液态 Zn-Al 合金，大大降低锌蒸气压强，避免对熔池造成扰动。这种方法不足之处在于，由于铝很容易氧化，焊前需要仔细清理，焊接时板材必须压紧铝箔，而且要严格控制厚度，否则 Fe-Al 合金在焊缝中的熔解会增大接头的脆性。在焊前预置一定量的铜粉/铜箔，也可以起到相同效果，焊后焊缝的抗腐蚀性能和力学性能没有受到损害，但铜向焊缝的过渡会增加焊缝热裂纹形成倾向。

6.3.4　钎焊

6.3.4.1　火焰钎焊

结构钢的火焰钎焊是利用氧-乙炔火焰为热源，将钎料（熔点低于结构钢熔点）熔化，使液体钎料填充于结构钢间隙，随后冷却凝固形成钎焊接头。结构钢钎焊最常见的钎料是铜合金，如铜锌硅合金（Cu-37%Zn-0.3%Si-0.15%Sn）、铜硅合金（CuSi₃）。铜合金钎料也可以用于镀锌钢的钎焊。

铜硅钎料在镀锌钢板表面的润湿性高于其在无涂层钢板表面的润湿性。锌涂层的存在有利于钎料的润湿铺展，其主要原因是锌与铜合金钎料和结构钢都有良好的冶金相容性，有利于加强铜钎料与结构钢的界面反应，促进铜钎料液体在结构钢表面的反应润湿过程。

为了改善铜钎料液体在结构钢表面的润湿铺展，并使钎料和结构钢在高温下免受空气中有害气体氮和氧的污染，火焰钎焊时需要使用大量的钎剂。钎剂在一定程度上也有助于减少火焰加热对镀锌层的烧损程度。

即使采用钎剂和控制钎焊操作工艺，镀锌层的烧损也在所难免。镀锌层在钎焊过程中会发生熔化和汽化，产生有毒有害的锌蒸气烟雾，因此，与镀锌钢的电弧焊接一样，镀锌板的火焰钎焊同样要在通风良好的区域进行。

钎焊的加热温度仅取决于钎料金属的熔点，与工件的熔点无关；并且钎焊加热是在低于工件的熔点以下完成的，钎焊接头的形成是液体钎料与工件固体表面的冶金反应的结果，不像熔化焊那样依赖工件的化学成分。所有等级的热浸镀锌钢都可以通过火焰钎焊进行焊接。火焰钎焊准备工作与无涂层钢的火焰钎焊准备工作相似，钎焊操作也基本相同，需要注意的是，采用较低的热输入，避免反复加热，以减少锌涂层的额外损失。

6.3.4.2 电弧钎焊

电弧钎焊利用电弧产生热量加热焊件，并结合钎料进行焊接。钎料作为焊接电弧的电极，熔化后进入工件间隙，成型为钎焊金属。与电弧焊相比，电弧钎焊节能高效的特点非常突出，且因为氩气流对电弧的压缩作用而使得热量集中、升温快速、高温加热时间短，从而可得到较窄的热影响区。电弧钎焊更具有较高的接头力学性能、成型美观、节能高效等优势，更容易实现焊接自动化。

如前所述，由于镀锌层低熔点，低沸点的特点，使得镀锌钢板的镀锌层在电弧作用下极易汽化和氧化，进而产生气孔、未熔合甚至裂纹等焊接缺陷，尽管钎料的熔化温度较低，并且受到熔滴过渡所需的最低电流的限制，但是电弧钎焊的焊接电流也不能太小。对于直径 1mm 钎料丝典型的电弧钎焊工艺参数为：焊接电流 110~130A、焊接电压 14~15V。

6.3.4.3 激光钎焊

激光钎焊是一种特殊的钎焊技术，以激光作为热源，通过光学传导系统将激光进行聚焦，聚焦后的光斑极小，可以形成很高的功率密度，在高功率密度的作用下，短时间内可迅速形成一个能量集中的加热区域，使钎料熔化并润湿铺展，实现工件之间的连接。激光钎焊中经常采用的激光为 Nd:YAG 激光器和半导体激光器，钎料一般选用铜基钎料，采用的接头形式有卷边对接、对接、搭接等。激光钎焊示意图如图 6-23 所示。

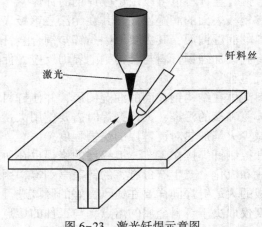

　　　　　　　　　钎料丝

激光

图 6-23　激光钎焊示意图

　　激光钎焊加热速度快、温度梯度大、高温区域小，可以最大程度地减少镀锌层的烧损。激光钎焊使用的钎料与火焰钎焊或电弧钎焊相同。激光钎焊技术的关键就是如何保证钎料与母材上激光能量的最优分配比例。激光功率、焊接速度、离焦量、焊丝成分、送丝速度、激光入射角度、送丝方向和角度都是影响钎焊接头的质量的因素，这些因素都必须得到很好的控制和匹配，以获得合适的焊接工艺规范。

　　镀锌钢激光钎焊一般选用铜基合金作为填充钎料，如 $CuSi_3$、$CuAl_8$、CuSn 等，其中 $CuSi_3$ 使用最多，因为这种材料具有良好的流动性和刚度。双光束圆形光斑模式下的激光钎焊镀锌钢板可以得到比较好的钎焊接头。2kW 的 Nd：YAG 激光器作为热源可实现 0.88mm 厚镀锌板 T 形接头的连接，锌的烧损范围可以降低至 0.1mm 左右，可最大程度保留钢板的耐腐蚀性能。为了进一步减少镀锌层的烧损，钎焊镀锌钢板的钎料还可以选用熔点更低的合金。ZnAl 合金的熔点在 400~500℃，与锌的熔点接近，远低于锌的沸点，使得钎焊过程可以在较低的温度下进行，能够最大限度降低钎缝两侧镀锌层的损失。同时，熔化了的钎料具有较低的表面张力，易于液态钎料在母材表面的润湿铺展。但是 ZnAl 较低的熔点使得其机械强度较差，当对接头的机械强度要求不高时，可以考虑采用 Zn-Al 合金作为钎料的激光钎焊技术，不能用于对机械强度要求较高零部件的激光钎焊。图 6-24 所示为激光钎焊在汽车零件制造上的应用，解决了具有深凹结构的汽车行李箱盖无法整体深冲成型，而传统的熔焊方法又无法实现行李箱盖两个部分连接的难题。

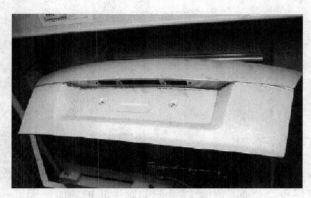

图 6-24　激光钎焊汽车行李箱盖和车顶

激光钎焊的优点：

（1）接头形式更加灵活，解决了电阻点焊只能采用搭接接头的限制，使得车身设计更加灵活与合理。

（2）连续焊接，车身的强度与刚度更高，同时可以起到密封与隔音的效果。

（3）与电阻点焊相比，采用光纤激光填丝钎焊灵活性高，可以实现某些特殊焊接位置的焊接；同时激光钎焊也不存在电极磨损或氧化导致焊接质量下降的问题。

（4）激光钎焊的焊缝相对电阻点焊来说，焊缝宽度较小，热影响区小，工件的变形也小。

（5）激光钎焊的焊接速度快、生产效率高，相比电阻点焊，激光钎焊的效率为前者的 2~3 倍。

（6）从钎焊的角度来说，激光钎焊可以实现异种金属的高效连接。

（7）激光钎焊焊缝成型美观，无需另加装饰。

7 镀锌钢焊接结构制造

7.1 先焊接后镀锌流程

镀锌钢的焊接性较差，焊接过程不仅会产生焊接飞溅、气孔、裂纹等问题，焊缝附近的镀锌层也会烧损，失去锌涂层的腐蚀防护功能。因此，除非焊接结构产品对于镀锌釜来说太大，否则，通常钢结构应在焊接完成之后再进行镀锌。

考虑到焊接构件后续需要进行热浸镀锌，钢结构的制造应给予特别的注意。为了确保获得高质量的镀锌涂层，焊缝区域的清洁、焊缝金属的化学成分以及焊接结构特征都需要考虑。

7.1.1 焊接设计

7.1.1.1 结构设计

好的设计不仅可以生产出最佳质量的镀锌涂层，而且还有助于降低产品的成本、缩短制造时间，并确保镀锌人员的安全。镀锌钢焊接结构的设计应注意如下方面。

（1）应力与变形。热浸镀锌是在450~490℃的锌浴中完成的，需要考虑在镀锌温度下，钢的屈服强度可能降低多达40%，钢结构件在冷却至环境温度后又会恢复其全部强度，如图7-1所示。室温下钢的强度足以承受的内应力，在锌浴过程中由于钢的屈服强度降低，将不再能够承受，会导致钢结构镀锌过程中发生变形。

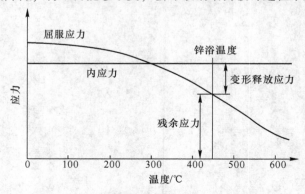

图7-1 钢的屈服极限随温度升高而下降

焊接钢结构中的内应力源于各种非均匀现象，包括：1）钢型材制造过程存在的内应力；2）焊接过程引入的热应力；3）可变的钢截面厚度可能会导致在镀锌过程中产生热应力；4）不良的设计还会在镀锌过程中产生不平衡应力或增加热应力，从而导致变形等。

避免焊接钢结构的镀锌变形，可以采取如下措施：

1）尽可能使用热轧型材，而不是冷轧或冷成型型材，因为前者具有较低的内应力。

2）焊接装配，避免强制固定导致内应力增加。

3）焊缝的数量和大小应保持最小，尽量减少热量输入和潜在的应力。

4）应使用对称的焊接程序进行制造，以平衡可能导致变形的应力。

5）尽可能保持均匀的钢截面厚度，以避免在镀锌过程中引入热应力和热膨胀和收缩差异；理想情况下，截面厚度的变化比例不应超过 2.5∶1。

6）尽量确保产品具有实际可行的对称设计，不对称设计更有可能导致应力不平衡，从而可能导致变形和内应力。

7）提供尺寸正确、位置合适的通风孔将使锌浴尽可能快地浸没工件，从而可最大程度减少引入潜在的热应力。

8）如果特别关注大型构件的变形，则确保其浸入一次，进行两次浸没会引入一定程度的热应力，从而增加构件变形风险。

9）如果构件因尺寸太大，可以分成几个部件分别镀锌，在镀锌后通过螺栓或焊接连接起来。

10）在可能的情况下，可以考虑在热浸镀锌之前进行去应力处理。

（2）排气口和排液孔。对于密封焊接构件，如果空气滞留在密封焊接的空间内，焊接构件在浸入锌浴时会因温度升高而迅速膨胀，导致钢结构突然断裂和爆炸危险，对于容器内的焊接构件应保证出口畅通，浸入锌浴时保持气孔在上方，如图 7-2 所示。

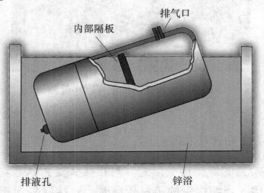

图 7-2　容器类焊接构件的热浸镀锌

将构件浸入约 450℃ 的熔融锌浴中或从中取出时，需要考虑预留足够大的排气孔，使焊接构件进入锌浴时可以通畅地覆盖在焊接构件的所有表面，并且在离开锌浴时能够通畅地排除多余的液体锌金属。对于有挡板、隔板和角撑板的构件，应切角或开孔，以帮助熔融锌流动，如图 7-3 所示。

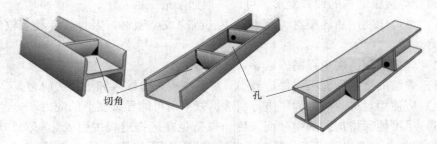

图 7-3　隔板切角或打孔

（3）避免细小间隙。焊接结构件不应存在尺寸较小的间隙，以免锌液不能流入而无法获得镀锌涂层。间隙小于 2.5mm 的接触表面需要进行完全密封焊接，因为锌液的黏度会阻止其流入小于约 2.5mm 的空间，从而产生未镀锌的区域。这些区域容易发生腐蚀，如图 7-4 所示。

图 7-4　焊接结构中存在小缝隙

7.1.1.2　焊接接头设计

图 7-5 所示为常见的焊接接头形式。对接接头受力状态均匀，当结构钢的板厚较大时应优先选用。当结构钢的板材较薄时，对接接头焊接困难，容易出现烧

穿，通常选用搭接接头。

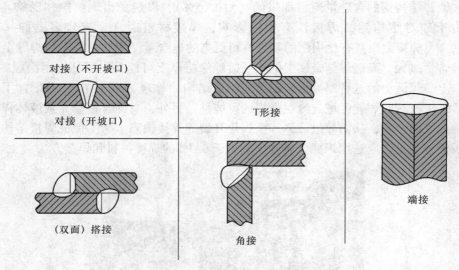

图 7-5　常见焊接接头形式

焊接接头选择需要考虑方便对称布置焊缝，并使焊缝的尺寸和数量保持最小。应尽可能使对称焊接的零件厚度相等或接近相等，以减小焊接应力、焊接变形以及在随后的热浸镀锌过程中的变形。

应尽可能避免重叠的表面。如果重叠部分通过焊接完全密封，则在浸入过程中可能会由于任何残留空气的压力升高而产生爆炸的危险；反之，如果重叠部分没有完全密封，则存在清洗液进入模腔，然后渗出，引起局部沾污。

7.1.2　焊接工艺

在热浸镀锌之前焊接钢时，除少数例外，可以遵循常规的焊接方法。焊接材料的化学成分和结构钢的化学成分必须匹配，以确保镀锌涂层的厚度和外观均匀。镀锌前，焊件及其周围区域必须无渣和飞溅。结构的设计必须适合镀锌工艺的要求。

7.1.2.1　焊接材料

为了获得与母材相同的力学性能，焊缝的成分必须与母材相近。对于结构钢而言，锰和硅是焊接时最常用的添加的元素，以满足焊接接头必要的力学性能，特别是强度和韧性。锰和硅的作用主要是脱氧、脱硫和脱磷，预防焊接气孔、焊接裂纹和焊缝夹杂等焊接缺陷。低碳结构钢的 Si/Mn 比一般为 0.25～0.4，硅的上限为 0.4%±0.03%，可改善结构钢室温下的拉伸性能和冲击性能；锰约 1% 可通过细化结构钢中的碳化物改善结构钢的冲击性能。

镀锌结构钢的含硅量通常都很低（≤0.05%），以避免出现桑德林现象。然而由于硅对结构钢的焊接性有积极影响，焊接材料通常含有较多的硅（约0.4%），焊接金属具有比周围的基础材料更高的硅含量。因此，应避免焊缝金属的硅含量过大。高硅焊缝金属上的热浸镀锌涂层厚度可能是周围结构钢涂层的2倍以上。焊缝上的这种厚涂层会损害所制造结构的外观（图7-6），并增加了在后续加工处理时焊缝区域锌涂层受损的可能性。另外，高硅含量会导致液体锌金属渗入焊缝金属，从而导致液体锌金属化开裂等焊接缺陷。为了保证焊接结构的热浸镀锌质量，应选用焊缝金属硅含量小于0.3%的焊接材料和焊接方法。

图7-6　焊缝表面的热浸镀锌涂层外观

7.1.2.2　焊接工艺

焊接工艺会影响镀锌涂层的镀层质量，以及可能的结构变形、结构开裂等。常见的结构钢焊接工艺包括电弧焊、电阻焊、激光焊等。需要指出的是，考虑到焊接结构在焊后需要整体热浸镀锌处理，钎焊不适合"先焊接后镀锌"的镀锌钢焊接结构的制造。

（1）焊缝清洁度。镀锌后焊接区域的外观反映了镀锌之前焊缝的外观。焊缝质量越高，该区域的镀锌质量就越高。焊接清洁度会严重影响焊接区域周围镀锌涂层的质量和外观。镀锌前必须清除所有焊渣。镀锌不能正确地附着在焊渣上。焊接飞溅和焊渣通常不溶于镀锌过程中使用的清洁溶液。因此，必须通过钢丝刷、切屑、研磨或喷砂清理清除任何焊渣。镀锌之前，必须从钢表面清除所有焊渣。如果不清除焊接飞溅，则会导致表面不平整、难看，并且在某些情况下，飞溅颗粒可能会掉落，从而留下未镀锌的区域。

焊接构件在镀锌前通常需要喷砂清理，特别是焊条电弧焊这类产生焊渣的焊接接头，以去除焊接过程中产生的飞溅、熔焊剂和熔渣残留并改善焊缝表面粗糙度。否则锌涂层将不会黏附在焊接区域，造成非镀锌的裸露斑点。表7-1列出了常见电弧焊工艺产生焊渣的潜力。二氧化碳虽然是气体保护电弧焊，但是由于气体氧化性强，在焊接过程中会产生一些金属氧化物浮出焊接熔池，最后在焊缝表面形成少量焊渣，如图7-7所示。

表 7-1 常见电弧焊工艺焊渣形成潜力

焊接工艺	英文缩写	成渣潜力
焊条电弧焊	SMAW/MMA	有/药皮焊条
药芯焊丝电弧焊	FCAW/FCA	有/药芯
埋弧焊	SAW	有/焊剂
气电焊	GMAW/MIG	无
钨极氩弧焊	GTAW/TIG	无
等离子弧焊接	PAW	无
二氧化碳焊	CO_2 welding	少量/冶金反应

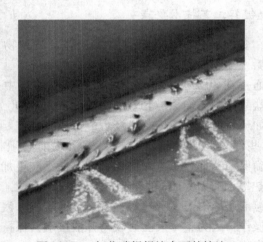

图 7-7 二氧化碳焊焊缝表面的熔渣

（2）焊缝外观缺陷。洁净的钢结构表面是热浸镀锌的基本要求，任何不洁物质的存在在热浸镀锌过程中都可能会导致黑点。使用焊接防飞溅喷涂有益于在镀锌时获得更均匀的光洁度。但是，某些焊接防飞溅喷剂可能会在钢表面上燃烧，生成一些非金属附着物，尽管肉眼看不见，却会形成未涂层的区域。

焊缝外观缺陷如夹渣、咬边、孔隙、不完全熔合、飞溅、未熔合、成型不良等，会导致镀锌涂层缺陷。镀锌涂层在焊缝缺陷区域不能正常形成，不仅涂层外观不美观，甚至镀锌涂层可能无法完全形成，如图 7-8 所示。留下未镀膜的区域或裸露的斑点，必须进行清洁和适当的修理。这些区域会导致镀锌结构过早腐蚀并缩短整个构件的使用寿命。

(a)　　　　　　　　　　　　　　　(b)

图 7-8　焊缝表面气孔和飞溅附近的镀锌涂层
(a) 气孔；(b) 飞溅

7.1.3　焊接结构的镀锌工艺

7.1.3.1　热浸镀锌工艺技术要点

（1）处理步骤。如果焊接结构已经存在锌层或其残留物，则应进行脱锌处理；还必须清除污垢、油脂和油，因为在油脂存在的情况下，锌层的黏附力会更低。脱脂的方法是通过在 40~90℃ 的 5%~20% 苛性碱溶液中进行碱性脱脂，随后漂洗或在低浓度盐酸浴中添加 20~40℃ 的保湿剂来完成的。脱脂处理不能去除的表面污染物，例如环氧树脂、乙烯基、沥青或焊渣，则需要使用喷砂或其他机械清洁方法去除这些污染物。在将工件浸入锌浴之前必须将其干燥，温度为90℃。干燥还可以确保助镀剂分布更加均匀，使镀锌反应更加均匀，此外，通过在烤箱中进行"预热"，可以减少构件受到的热冲击。但是，必须注意确保构件没有变干，以免助镀剂层溶解。完成这些准备后，即可将其浸没于锌浴中。必须非常小心地进行此操作，因为整个表面必须与锌液接触，保持足够高的浸入锌液速度，以便获得锌层均匀。吊装或取出速度也必须足够高，因为锌液流失的时间太长，则无法保持镀锌层的涂镀均匀。提升速度通常为 1.2~1.5m/min。提起后，通过振动和/或冲击将附着在工件底部的锌液除去。用空气或水冷却，以保留顶部纯锌层。如果不进行冷却，一段时间后它将完全转变为铁锌合金层。

　　酸洗槽和锌浴池的大小应与构件的尺寸相匹配，以确保焊接钢结构件可以完全浸没在锌溶液中。如果焊接钢结构件长度太大而无法完全浸入锌浴池，则可能需要考虑两步热浸工艺（或者称为两次热浸工艺），如图 7-9 所示。但是，此过程将在两个凹陷重叠的地方将产生可见的压痕。

图 7-9　大型焊接构件的两次热浸镀锌工艺

如果焊接构件的设计和制造合理，则热浸镀锌通常不会引起构件的变形。特别需要指出的是，当焊接结构在热浸镀锌时确实变形，通常是由于较早阶段"内应力"的原因。当将钢浸入热浸镀锌浴的 450℃ 熔融锌中时，应力的释放几乎总是会引起变形。焊接构件中不可避免会产生内应力。如果在制造过程中将不同厚度的钢连接在一起，也可能会发生变形。将两块钢焊接在一起会导致组件小区域内温度的极端差异，并因此产生很大的残余应力。必要时可以通过在镀锌之前消除应力来消除制造应力。如果发生变形，有时可以在热浸镀锌后矫直处理。

7.1.3.2　常见问题

（1）渗漏焊缝。渗漏焊缝是在焊缝表面显示为棕色或红色污渍，如图 7-10 所示。由于焊缝表面存在气孔而缺少锌涂层。镀锌过程中的预处理溶液会渗入焊缝气孔，并在熔融锌浴中阻挡锌液润湿，锌液本身太黏而无法穿透小孔，从而导致焊缝中的未镀层面积很小。当水分随时间渗透到孔隙中时，预处理溶液会重新水化并侵蚀钢，从而导致焊缝渗漏腐蚀。腐蚀产物到达焊缝表面，产生棕色或红色污渍。焊缝内发生的腐蚀可能会带来安全隐患，随着时间的推移强度降低可能会导致零件失效。

（2）红锈。在镀锌过程中残留于缝隙中的腐蚀性介质，通过从大气中吸收水分，开始腐蚀钢铁表面，腐蚀产物从缝隙中渗出，由于钢铁的腐蚀产物主要是红色的氧化铁，因此被称为红锈，如图 7-11 所示。预防红锈的措施，一是在镀锌过程中严格清除各种腐蚀性介质；二是镀锌完成后用硅树脂密封或填充尽可能多的渗漏区域，以防止空气和湿气进入，减少潜在的缝隙腐蚀；三是如果焊接构件不可避免地存在缝隙，则缝隙的宽度大于 2.4mm，使锌浴能够进入缝隙内部完

污渍

图 7-10　焊接结构镀锌后的渗漏焊缝

成。一旦发生红锈现象，不建议使用机械加工方法去除锈蚀引起的污渍，以免改变清洁区域的表面粗糙度。可以使用草酸清洗表面的锈迹，然后用水或专用的除垢溶液清洗。

图 7-11　焊接结构镀锌表面的红锈

（3）分层与剥落。镀锌层剥落的原因主要与镀锌层的厚度和相组成有关。从镀锌锅中取出后，许多大型镀锌零件需要很长时间在空气中冷却并形成锌铁合金层。镀锌涂层各合金层之间形成空隙，则表层纯锌层可能与内部的锌铁金属间化合物相层发生分离并剥落零件。如果剩余的涂层仍能满足最低规格要求，则可以不用处理；如果涂层不符合最低规格要求，则必须重新镀锌，如图7-12所示。

(a)   (b)

图7-12 焊接结构镀锌涂层的分层剥落

（4）湿存储污渍。湿存储污渍是在刚镀锌的表面上形成的白色粉末状表面沉积物，如图7-13所示。这是由新镀锌的表面暴露于淡水（如雨水、露水或冷凝水）引起的，在这些表面水与锌反应形成氧化锌和氢氧化锌。湿存储污渍最容易在紧密堆叠和捆扎的镀锌构件上找到，例如镀锌板、镀锌角钢、镀锌条和镀锌管。

图7-13 湿存储污渍

避免湿存储污渍的一种方法是在镀锌后使用铬酸盐溶液对镀锌构件进行表面钝化；另一种方法是避免在通风不良、潮湿的条件下堆放镀锌构件。轻度或中度湿润存储污渍会在使用过程中逐渐退去，这是可以接受的。在大多数情况下，湿存储污渍并不表示锌涂层失效，也不一定暗示镀锌构件的预期寿命的降低。但是，在镀锌构件投入使用之前，应通过机械方式或进行适当的化学处理除去大量的湿存储污渍。然而，严重的湿存储污渍必须清除，或者必须重新镀锌。

7.2　先镀锌后焊接流程

某些情况下不可能对整个复杂的结构进行热浸镀锌，例如，结构尺寸对于锌浴或运输而言太大，此时需要在镀锌后再焊接组装整个结构。另外，与焊接结构相比，钢板的镀锌更方便、快捷和成本更低。然而，镀锌涂层对结构钢的焊接带来困难。焊接镀锌钢的三个主要问题是焊接飞溅量大、焊道外观差和焊缝金属致密性差（如焊接气孔和液体锌金属化裂纹）。任何焊缝及其附近的锌涂层都会被焊接高温加热而破坏。另外，焊接后留在钢板表面上的残留物还会对后续的腐蚀防护修复带来影响。

镀锌涂层具有较低的熔点和沸点，对高温加热非常敏感，常规的焊接高温会破坏镀锌涂层。采用螺栓连接、胶粘剂粘接等不需要高温加热过程，不存在对镀锌涂层的烧损，如果结构设计本身可以达到强度要求，则应优先使用。作为建筑、桥梁、汽车车身等镀锌钢结构，强度和疲劳寿命是其重要的性能，则必须采取焊接、钎焊等高温连接方法才可能满足使用要求。为了克服锌涂层对焊接加工的不利影响，预先或焊接过程中去除待焊部位的锌涂层是常用的技术手段。

7.2.1　焊接工艺

7.2.1.1　去除待焊部位的镀锌层

焊前去除待焊部位的镀锌层能够最大程度地减少锌蒸气对焊接的影响，可以采用与非镀锌涂层结构钢相同的焊接方法和工艺参数焊接镀锌钢。对于常用的电弧焊而言，应去除镀锌钢待焊边缘两侧 2.5~10cm 的镀锌涂层。去除镀锌涂层的方法既可以是机械铲除，也可以通过加热将锌涂层烧掉，或将熔融锌从焊接区域吹气去除。激光焊的焊接热影响区小，锌涂层的去除范围可以取小一些。

去除待焊部位的镀锌涂层最常用的方法是机械清洁方法，如钢丝刷、砂轮打磨等，但这些方法会在焊接区域周围存在锌金属残留，很难确定是否已经完全去除了锌涂层，需要对可疑区域进行反复打磨。然而，由于锌金属较软，在机械打磨过程中涂层中的锌会被涂抹到打磨表面。

镀锌涂层也可以用氧-乙炔火焰熔化进行表面清洁。火焰去除的宽度难以精确控制，并且火焰清洁过程中会产生大量有害的锌烟雾。

在待焊表面施加腐蚀性酸液可以去除镀锌涂层，然后在焊接之前彻底冲洗并干燥该区域。化学酸洗方法也存在问题：一是产生污染环境的废酸液排放；二是操作不方便，有些焊接接头区域无法施加酸液和有效清理残留酸液。

相比对接接头，镀锌板的 T 形接头焊接比较困难。由于一个板的镀锌边缘与另一个镀锌表面对接，在邻接表面上形成的锌蒸气将不容易逸出到大气中，而会吹入焊缝池，从而产生气孔或不良的焊缝成型。一种解决方法是使用金属丝垫片或固定装置将工件分开，留出一定的间隙，使锌蒸气易于逸出；另外，还可以在工件上制造小角度（15°）的斜角（图7-14）。这些方法中的任何一种都将显著减少零件之间的锌含量，减少产生的气体量，从而改善焊接质量。

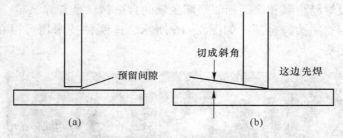

图7-14　镀锌钢T形接头的焊接装配

7.2.1.2　通风除尘

镀锌钢可以通过几乎所有焊接技术获得满意的焊接接头，然而需要对焊接条件进行更严格的控制。

镀锌钢在焊接过程中，镀锌涂层会汽化。锌蒸气可与空气中的氧气反应形成氧化锌。吸入锌烟雾会导致人体发烧，产生金属烟雾热症状。如果要焊接镀锌钢，则必须提供足够的通风除尘条件。在密闭空间中施焊时焊工必须配戴呼吸器，如图7-15所示。可使用水冷铜块或冷却棒作衬板或夹在接头的焊接侧，以吸收焊接过程中产生的一些热量，减少镀锌层的蒸气量。

图7-15　镀锌钢焊接的通风除尘

7.2.2　焊接接头耐腐蚀恢复处理

焊接产生的热量会使焊缝附近的镀锌层蒸发烧损，外观变差，并且无锌区域在暴露于环境时会生锈。焊接损坏区域的宽度将取决于焊接过程中的热量输入，在较慢的过程（例如火焰焊接）中，其宽度会比电弧焊更大。因此，需要及时进行焊接接头耐腐蚀恢复处理。

用于镀覆焊缝金属和涂层相邻损坏区域的合适材料是富锌涂料，在某些情况下也可以采用热喷涂锌金属，如图 7-16 所示。这两种技术均可以在现场实施，以覆盖焊接接头。

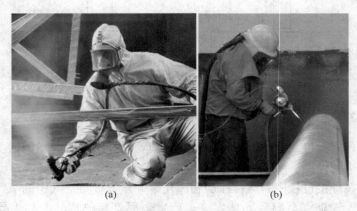

图 7-16　焊接接头的涂层修复

（a）冷喷涂富锌涂料；（b）热喷涂锌金属

无论是冷喷涂富锌涂料还是热喷涂锌金属，都要在喷涂前对焊道及其附近区域进行彻底的表面清理。表面清理可以选用喷砂或钢丝刷，清除所有焊渣和其他污染物，热喷涂锌金属尤其如此。通过喷砂或粗磨处理来使焊接接头部位的表面足够粗糙，可以增大热喷涂涂层的附着力，如图 7-17 所示。喷砂清理必须延伸到焊接接头周围未损坏的镀锌涂层中。

图 7-17　焊接结构的喷砂处理

　　富锌涂料或热喷涂锌金属涂层的厚度可以通过多次喷涂进行调节，以获得较厚的涂层，满足构件使用寿命的要求。需要指出，如果涂层厚度过大，会增大出现裂纹的风险。当然，如果条件许可（比如镀锌槽大小、成本等），镀锌钢焊接结构可以在焊接完成后再进行整体热浸镀锌处理，这样得到的焊接结构表面可完全被镀锌涂层覆盖，防腐蚀效果最好。焊接结构整体热浸镀锌操作参考前述相关内容。

7.3　镀锌钢焊接结构制造实例

7.3.1　镀锌汽车白车身

7.3.1.1　汽车车身结构

　　车身是汽车的重要部件，装载动力传动系统、运载和保护乘客和货物。车身结构必须是刚性的，以支撑重量和压力，并将所有部件牢固地组合在一起。此外，车身结构需要尽可能轻，以节约燃料、减少排放。

　　最早的车身设计是"车架上的车身"。车架通常由两个平行连接的框架组成，悬架和动力传动系连接到该导轨上，车身的其余部分或外壳安装在车架框架上，如图7-18所示。

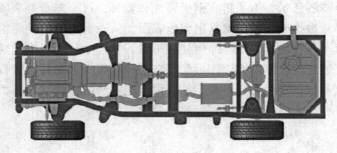

图7-18　早期汽车的车身结构

"车架上的车身"结构具有承受能力大的优点，不足之处是重量大、汽车的重心高，目前仅在卡车上使用。大多数小型汽车在 20 世纪 60 年代改用"整车车身"结构，由许多冲压薄板构件通过焊接连接在一起，即汽车白车身，如图 7-19 所示。汽车白车身可以提供良好的防撞保护、节约空间和材料。

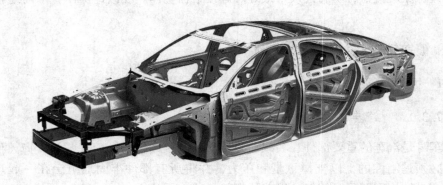

图 7-19　镀锌钢白车身

汽车车身用钢板是冲压性能优良的冷轧钢板，能够将其成型为制造汽车底盘和车身面板所需的形状。为了防止钢板腐蚀和美观，汽车车身外表喷涂油漆。然而油漆层容易被擦伤或划破，裸露出钢板表面，从而引起钢板的腐蚀。汽车车身腐蚀会降低汽车车身的安全性、缩短使用寿命。20 世纪 80 年代后期，汽车车身开始采用耐腐蚀性能较好的镀层钢板代替普通冷轧钢板，尤其以镀锌钢板的使用量为最大。这不仅仅是因为锌可在钢铁表面形成致密的保护层，还因为锌具有阳极保护效果，可防止腐蚀继续向钢板内部发展，如图 7-20 所示。

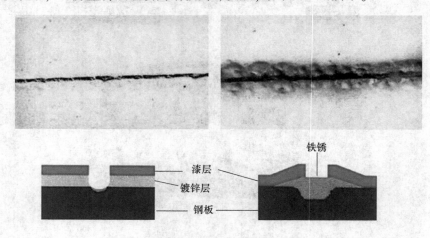

图 7-20　镀锌涂层与漆层的腐蚀防护效果

汽车车身用镀锌钢板为高强度低合金钢，具有优良的比强度、冲压变形能力和焊接性。镀锌涂层主要有热浸镀纯锌、热浸镀锌铁合金和电镀锌等。欧系车多采用热镀纯锌板，日系车则多采用热镀锌铁合金板，电镀锌板由于相对成本较高主要用于高端车型的外板件。

7.3.1.2 汽车车身焊接组装

汽车白车身是由冲压成型后的钣金件通过焊接组装而成的，焊接质量对汽车的安全性有重要影响。汽车车身用钢板的厚度范围为 0.7~1.4mm，焊接接头多采用搭接接头形式。焊接方法以电阻点焊为主，激光焊应用在不断扩大。

（1）电阻点焊组装。自上世纪 50 年代以来，电阻点焊一直是组装汽车车身和卡车驾驶室的主要焊接方法。电阻点焊具有自动化程度高、焊接可靠性高的特点，特别适合批量生产。一个汽车白车身通常有 4000~6000 个焊点，至今没有其他焊接方法可以完全替代电阻点焊来生产汽车白车身。图 7-21 所示为汽车白车身上的电阻点焊焊点。

图 7-21 汽车白车身电阻点焊示意图

如前所述，相比无涂层钢板，镀锌钢板的电阻焊接头易出现液体锌金属化裂纹问题。这些裂纹位于电极压痕的中心，并延伸到热影响区，裂纹深度甚至可以超过板厚的一半，如图 7-22 所示。焊点裂纹会对汽车车身的疲劳性能产生不利影响。

（2）激光焊。激光具有能量密度高、聚焦斑点小的优点，因此，激光焊接速度快、热影响区小、热应力和热变形小、对镀锌涂层烧损较轻。近年来，激光在汽车制造中的使用快速增加，可以用于钢板的切割和焊接。

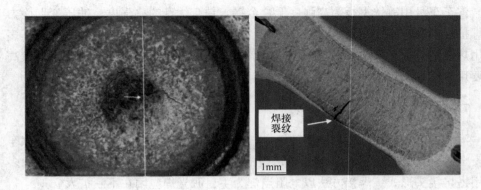

图 7-22　热浸镀锌汽车用钢板电阻点焊焊点的裂纹

　　汽车白车身的组装焊接多数采用功率为 4kW 的高功率 Nd:YAG 激光器，并通过光纤传输到汽车生产线工位。镀锌钢板搭接接头激光焊接的主要问题是锌蒸发导致的焊缝气孔。已采用多种方法来克服此问题，其中冲压形成凸点方法是目前比较实用的方法，德国汽车厂家广泛采用该方法来焊接镀锌钢板汽车车身。

　　激光焊接可实现更窄的接缝和较小的法兰，从而减轻部件的重量。这在现代汽车生产中变得越来越重要，并且是节省燃油和减少二氧化碳排放的关键之一。可以通过对部分重叠的薄板进行激光角焊来进一步减小法兰尺寸（图 7-23）。

图 7-23　电阻点焊与激光焊接法兰尺寸对比

7.3.1.3　汽车车身腐蚀防护

　　（1）局部镀锌。镀锌钢可用于汽车车身局部或整体防腐处理。汽车的底部、门槛和拱门是最容易腐蚀的地方（图 7-24），因此经济型汽车大都采用镀锌钢制造这些部件。中国或俄罗斯的汽车，则在此处进行了防腐蚀涂层的应用，但并非在所有车型上都采用。有些汽车制造商采用通常的镀锌底漆与锌混合的电泳底漆，而并非使用镀锌钢板制造这些汽车部件。一般地，如果汽车的特性描述仅提到"锌涂层"，而没有提到"整体"一词，那么可以基本推定耐腐蚀涂层仅在车身的某些部位，通常是汽车底部。

图 7-24　汽车底部是最易于腐蚀的部位

（2）整体镀锌。将汽车白车身完全浸入特殊的含锌溶液中（图 7-25），提出后再加热至一定的温度，使锌金属颗粒黏附到汽车车身金属表面，在车身全部金属表面上形成薄膜，该薄膜可防止水分并防止氧化。一些制造商通常会为以这种方式加工的车身提供较大的保证，保修期可以达到 30 年。最低使用寿命至少为 15 年。这种方法用于大众奥迪、保时捷、菲亚特、福特、欧宝等欧美汽车，由于实施这种防腐蚀处理技术的成本高昂，所以这些汽车都比同类汽车昂贵。

图 7-25　汽车白车身整体锌金属防腐处理

7.3.2　镀锌钢焊接 H 型梁

镀锌钢焊接 H 型梁（轻型梁）是一种通用结构件，由于具有优良的强度和刚度，可在腹板平面上同时承受弯曲和剪切载荷。镀锌钢焊接 H 型梁既可以用作横梁，也可以用作支撑柱，在基础建设、建筑行业等应用广泛，如图 7-26 所示。

图 7-26　镀锌钢 H 型梁建筑应用

7.3.2.1　焊接制造

镀锌钢焊接 H 型梁的制造流程如图 7-27 所示。

下料　　　　装配　　　　焊接　　　　清理　　　　镀锌

图 7-27　镀锌钢焊接轻型梁的制造流程

H 型梁制造材料通常为优质碳素结构钢 Q235、Q345 等。考虑到焊接和热浸镀锌对钢材化学成分的要求，H 型梁选用的碳素结构钢的化学成分应满足：$w(C) \leqslant 0.25\%$、$w(Mn) \geqslant 1.3\%$、$w(Si) \leqslant 0.15\%$或$\geqslant 0.22\%$、$w(P) \leqslant 0.04\%$。

H 型梁的装配采用焊条电弧焊或气体保护电弧焊短焊缝固定。

H 型梁的焊接制造一般选用电弧焊接工艺，其中以自动气电焊为主，包括 MIG/MAG 焊、二氧化碳焊和埋弧焊等。焊接接头的类型为角接，焊接位置为平焊或船型焊，如图 7-28 所示，埋弧焊多采用船型焊，如图 7-29 所示。

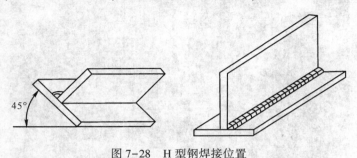

图 7-28　H 型钢焊接位置

图 7-29　H 型钢的埋弧焊

焊接工艺选取应考虑以下几点：（1）为预防焊接冷裂纹，考虑采用低氢焊接工艺，并采用合适的预热温度。（2）为预防变形，考虑采用预变形，分段退步焊及双焊枪同步焊工艺。（3）焊后采取滚压矫形，如图 7-30 所示，使 H 型钢的几何尺寸精度达到设计要求。

7.3.2.2　批量热浸镀锌

在热浸镀锌前，需检查 H 型梁焊缝外观。焊缝外观缺陷，如夹渣、咬边、孔隙、不完全熔合、飞溅、未熔合、成型不良等，会导致镀锌涂层中的缺陷。镀锌涂层在焊缝缺陷区域不能正常形成，不仅涂层外观不美观，甚至镀锌涂层可能无法完全形成。推荐使用喷砂处理去除焊接接头附近的飞溅、焊渣等残留物后，

图 7-30　H 型钢焊后滚压矫形

再进行热浸镀锌。

　　将焊接 H 型梁用钢丝以 15°~30° 的角度悬挂在可移动的机架上，机架带动钢材或钢铁制品依次进入表面清洁处理、助镀剂处理和热浸镀锌处理加工区域。

　　当 H 型梁浸入约 450℃ 的锌浴槽时，液体锌金属会平稳地覆盖 H 型梁的所有表面；H 型梁提出锌浴槽时，多余的液体锌金属流回锌浴槽，如图 7-31 所示，最终在 H 型梁表面获得所需厚度的镀锌涂层。

图 7-31　焊接 H 型梁的热浸镀锌

参 考 文 献

[1] Coni N, Gipiela M L, D'Oliveira A S C M, et al. Study of the Mechanical Properties of the Hot Dip Galvanized Steel and Galvalume ® [J]. J of the Braz. Soc of Mech Sci & Eng, 2009, 319 ~326.

[2] Kazuhisa O, Takashi K, Shoichiro T. Development of Chromate-Free Zn-5%Al-Based Alloy Coated Steel Sheet "ECOGAL-NeoTM" EN [J]. JFE TECHNICAL REPORT, 2019, 24: 76 ~81.

[3] Scott R. Durability Assessment of New Generation Coated Steel Technologies for use in Building and Construction Methodology and a Case Study [C] // International Conference on Durability of Building Materials and Components. Porto, Portogal, April 12-15, 2011.

[4] Dallin G W. Continuous hot-dip galvanizing-process and products [J]. Coil World. 2016, 4: 10~13.

[5] Hideshi F, Rie K, Hiroshi I. Hot-Dip Zn-5%Al Alloy-coated Steel Sheets JFE ECOGAL, 2009, 14: 41~45.

[6] Kodama S. et al. Development of Stainless Steel Welding Wire for Galvanized Steel Sheets [J]. Welding in the World 54, 2010: 42~48.

[7] Chen W, Ackerson, P, Molian P. CO_2 laser welding of galvanized steel sheets using vent holes [J]. Materials and Design, 2009: 245~251.

[8] Lane C T, Sorensen C D, Hunter G B, et al. Cinematography of Resistance Spot Welding of Galvanized Steel Sheet [J]. 1987: 260~265.

[9] Kemda B V F, Barka N, Jahazi M, et al. Optimization of resistance spot welding process applied to A36 mild steel and hot dipped galvanized steel based on hardness and nugget geometry [J]. The International Journal of Advanced Manufacturing Technology 106, 2020: 2477~2491.

[10] Ling Z, et al. Liquid Metal Embrittlement Cracking During Resistance Spot Welding of Galvanized Q & P980 Steel [J]. METALLURGICAL AND MATERIALS TRANSACTIONS A, 2019: 5128~5142.

[11] Mira-Aguiar T, Leitão C, Rodrigues D M. Solid-state resistance seam welding of galvanized steel [J]. Int J Adv Manuf Technol 86, 2016: 1385~1391.

[12] Khosravi A, Halvaee A, Hasannia M H. Weldability of electrogalvanized versus galvanized interstitial free steel sheets by resistance seam welding [J]. Materials and Design, 2013: 90~98.

[13] Yang S, Carlson B, Kovacevic R. Laser Welding of High-Strength Galvanized Steels in a Gap-Free Lap Joint Configuration under Different Shielding Conditions [J]. Welding Journal 90, 2011.

[14] Quintino L, Pimenta G, Iordachescu D, et al. MIG Brazing of Galvanized Thin Sheet Joints for Automotive Industry [J]. Materials and Manufacturing Processes, 2006: 63~73.

[15] Nema P. How to Solder Galvanized Steel [M]. 2017.

[16] BRUSCATO R M. Liquid Metal Embrittlement of Austenitic Stainless Steel When Welded to Gal-

vanized Steel ［J］. WELDING RESEARCH SUPPLEMENT, 1992: 455~460.

［17］ Mei L, Yan D, Chen G, et al. Influence of laser beam incidence angle on laser lap welding quality of galvanized steels ［J］. Optics Communications 402, 2017: 147~158.

［18］ Inha A K, Kim D Y, Ceglarek, D. Correlation analysis of the variation of weld seam and tensile strength in laser welding of galvanized steel ［J］. Optics and Lasers in Engineering, 2013: 1143~1152.

［19］ 熊自柳, 张雲飞, 姜涛. 锌铝合金镀层的性能特点与发展现状 ［J］. 河北冶金, 2012 (4): 11~14, 27.

［20］ 张玉. 热浸镀锌及锌基合金镀层工艺及其耐蚀机理的研究与应用 ［D］. 济南: 山东大学, 2011.

［21］ 谢英秀, 金鑫焱, 王利. 热浸镀锌铝镁镀层开发及应用进展 ［J］. 钢铁研究学报, 2017, 29 (3): 167~174.

［22］ 高琳洁. 热浸 Al－Zn－Mg 镀层显微组织及耐蚀性能的研究 ［D］. 湘潭: 湘潭大学, 2016.

［23］ 刘灿楼, 李远鹏, 俞钢强, 等. 钢板连续热浸镀铝生产工艺技术 ［J］. 中国冶金, 2016, 26 (6): 45~50, 64.

冶金工业出版社部分图书推荐

书　名	作　者	定价(元)
中国冶金百科全书·金属塑性加工	本书编委会	248.00
爆炸焊接金属复合材料	郑远谋	180.00
楔横轧零件成形技术与模拟仿真	胡正寰	48.00
薄板材料连接新技术	何晓聪	75.00
高强钢的焊接	李亚江	49.00
高硬度材料的焊接	李亚江	48.00
材料成型与控制实验教程（焊接分册）	程方杰	36.00
焊接材料研制理论与技术	张清辉	20.00
焊接技能实训	任晓光	39.00
金属学原理（第3版）（上册）	余永宁	78.00
金属学原理（第3版）（中册）	余永宁	64.00
金属学原理（第3版）（下册）	余永宁	55.00
工程材料（本科教材）	朱　敏	49.00
加热炉（第4版）（本科教材）	王　华	45.00
金属材料学（第3版）（本科教材）	强文江	66.00
轧制工程学（第2版）（本科教材）	康永林	46.00
金属压力加工概论（第3版）（本科教材）	李生智	32.00
金属塑性加工概论（本科教材）	王庆娟	32.00
型钢孔型设计（本科教材）	胡　彬	45.00
金属挤压、拉拔工艺及工模具设计（本科教材）	刘莹莹	52.00
金属塑性成形力学（本科教材）	王　平	26.00
金属学与热处理（本科教材）	陈惠芬	39.00
轧钢厂设计原理（本科教材）	阳　辉	46.00
冶金热工基础（本科教材）	朱光俊	30.00
材料成型设备（本科教材）	周家林	46.00
金属塑性成形原理（本科教材）	徐　春	28.00
金属压力加工原理（本科教材）	魏立群	26.00
金属压力加工工艺学（本科教材）	柳谋渊	46.00
钢材的控制轧制与控制冷却（第2版）（本科教材）	王有铭	32.00
金属压力加工实习与实训教程（高等实验教材）	阳　辉	26.00
塑性变形与轧制原理（高职高专教材）	袁志学	27.00
锻压与冲压技术（高职高专教材）	杜效侠	20.00
金属材料与成型工艺基础（高职高专教材）	李庆峰	30.00
金属热处理生产技术（高职高专教材）	张文莉	35.00
金属塑性加工生产技术（高职高专教材）	胡　新	32.00